第一本 Docker 书

THE DOCKER BOOK

修订版

[澳] James Turnbull 著

李兆海 刘斌 巨震 译

U0281451

人民邮电出版社

北 京

图书在版编目（CIP）数据

第一本Docker书 / （澳）特恩布尔（Turnbull, J.）
著；李兆海，刘斌，巨震译. -- 2版（修订本）. -- 北
京：人民邮电出版社，2016.4（2023.11重印）
书名原文：The Docker Book
ISBN 978-7-115-41933-0

Ⅰ. ①第… Ⅱ. ①特… ②李… ③刘… ④巨… Ⅲ.
①Linux操作系统－程序设计 Ⅳ. ①TP316.89

中国版本图书馆CIP数据核字(2016)第055630号

版 权 声 明

内 容 提 要

　　Docker 是一个开源的应用容器引擎，开发者可以利用 Docker 打包自己的应用以及依赖包到一个可移植的容器中，然后发布到任何流行的 Linux 机器上，也可以实现虚拟化。

　　本书由 Docker 公司前服务与支持副总裁 James Turnbull 编写，是权威的 Docker 开发指南。本书专注于 Docker 1.9 及以上版本，指导读者完成 Docker 的安装、部署、管理和扩展，带领读者经历从测试到生产的整个开发生命周期，让读者了解 Docker 适用于什么场景。书中先介绍 Docker 及其组件的基础知识，然后介绍用 Docker 构建容器和服务来完成各种任务：利用 Docker 为新项目建立测试环境，演示如何使用持续集成的工作流集成 Docker，如何构建应用程序服务和平台，如何使用 Docker 的 API，如何扩展 Docker。

　　本书适合对 Docker 或容器开发感兴趣的系统管理员、运维人员和开发人员阅读。

◆ 著　　　　［澳］James Turnbull
　　译　　　　李兆海　刘 斌　巨 震
　　责任编辑　杨海玲
　　责任印制　张佳莹　焦志炜
◆ 人民邮电出版社出版发行　　北京市丰台区成寿寺路 11 号
　　邮编　100164　　电子邮件　315@ptpress.com.cn
　　网址　http://www.ptpress.com.cn
　　北京七彩京通数码快印有限公司印刷
◆ 开本：800×1000　　1/16
　　印张：17.75　　　　　　　　2016 年 4 月第 2 版
　　字数：370 千字　　　　　　2023 年 11 月北京第 31 次印刷
　　著作权合同登记号　图字：01-2014-6456 号

定价：59.00 元
读者服务热线：(010)81055410　印装质量热线：(010)81055316
反盗版热线：(010)81055315

对本书的赞誉

Docker 来了！突然发现曾经顶礼膜拜的 Hypervisor 虚拟化已处于被整个颠覆的悬崖边缘，Docker 容器技术的直接虚拟化不仅在技术方面使 CPU 利用率得到显著提升，还因 80:20 法则可在业务上更大程度发挥 CPU 利用率，而恰恰后者才真正体现了虚拟化之精髓！这本书用了大量简短可操作的程序实例介绍 Docker 的工作原理，几乎页页都是满满的代码干货，程序员读者可跟着这些例子自己动手玩转 Docker，这真是一部专为程序员写的好书！IT 行业如此"昨怜破袄寒，今嫌紫蟒长"，我们码农们呢？还等什么，赶紧开始知识更新吧，别让你的知识技能这一看家本领也被颠覆了！

——毛文波，道里云 CEO，

曾创建 EMC 中国实验室并担任首席科学家，曾参与创建 HP 中国实验室

Docker 是什么？它有什么用？为什么身边的程序员都在谈论这个新兴的开源项目？

Docker 是轻量级容器管理引擎，它的出现为软件开发和云计算平台之间建立了桥梁。Docker 将成为互联网应用开发领域最重要的平台级技术和标准。这本书由曾任职于 Docker 公司的资深工程师编写，由国内社区以最快的速度完成翻译，是学习 Docker 的最佳入门书籍。如果你是一位希望让自己的代码运行在云端的程序员，现在就开始学习 Docker 吧！

——喻勇，DaoCloud 联合创始人

Docker 的核心价值在于，它很有可能改变传统的软件"交付"方式和"运行"方式。传统的交付源码或交付软件包的方式的最大问题在于，软件运行期间所"依赖的环境"是无法控制、不能标准化的，IT 人员常常需要耗费很多精力来解决因为"依赖的环境"而导致软件运行出现的各种问题。而 Docker 将软件与其"依赖的环境"打包在一起，以镜像的方式交付，让软件运行在"标准的环境"中，这非常符合云计算的要求。这种变革一旦为 IT 人员接受，可能会对产业链带来很大的冲击。我们熟悉的 apt-get 和 yum 是否会逐渐被 docker pull 取代？

有了标准化的运行环境，加上对 CPU、内存、网络等动态资源的限制，Docker 构造了一个"轻量虚拟环境"，传统虚拟机的绝大多数使用场景可以被 Docker 取代，这将给 IT 基

础设施带来一次更大的冲击；KVM、ZEN、VMWare 将会何去何从？此外，Docker 秒级创建/删除虚拟机及动态调整资源的能力，也非常契合云计算"实例水平扩展，资源动态调整"的需求，Docker 很有可能成为云计算的基石。

正是因为 Docker 将对传统 IT 技术带来上述两种"革命性"的冲击，所以我们看到围绕 Docker 的创业项目如火如荼。IT 从业人员应该及早拥抱 Docker，拥抱变化。阅读本书就是最佳入门途径。

——陈轶飞，原百度 PaaS 平台负责人，国内最早大规模应用 Docker 的实践者

Docker 今天已经算是明星技术了，各种技术大会都会有人谈论它，越来越多的人像我一样对这门技术着迷。我开始关注 Docker 是因为当时主要关注 PaaS 的一些技术进展，当时 PaaS 受到云计算三层模型的禁锢，诞生很多非常重型的解决方案。我并不喜欢这些方案，不仅是因为这些方案复杂，而且充满了重复造轮子的自以为是。但是 Docker 的诞生给我眼前一亮的感觉，Docker 诞生时从技术上看貌似没有任何亮点：隔离和资源限定都是 LXC 做的，安全是用 GRSec（那时候还没有 SELinux 支持），镜像文件依赖于 AUFS。但是，就是因为 Docker 什么有技术含量的活儿都没做，才显得它非常干净，非常优雅。Docker 提供了一种优雅的方式去使用上述技术，而不是自顾自地去实现这些已有的很好的技术，这样会使构建环境的成本极大降低，从而非常有效地减少运维的复杂性，这不就是 PaaS 的本质吗？

短短一年的时间过后，Docker 在中国都有了专门的容器大会，甚至出现了一票难求的情况，可见这一技术不但在国外快速地被社区认同，在国内也得到广泛的应用。我坚信 PaaS 的构建应该是多种组件灵活搭配组合的，而不应该是包罗万象的全套方案，Docker 的设计符合这种原则，这是我最为欣赏的。Docker 的发展异常迅猛，整个社区生态蓬勃向上一片繁荣。希望阅读本书的读者也尽快加入充满乐趣的 Docker 大家庭中来。

——程显峰，MongoDB 中文社区创始人，独立技术顾问

以 Docker 为代表的容器技术是目前非常流行的一类技术，对虚拟化、云计算乃至软件开发流程都有革命性的影响。本书系统而又深入浅出地介绍了与 Docker 部署和应用相关的各个方面，体现了 Docker 的最新进展，并附有大量详尽的实例。无论系统架构师、IT 决策者，还是云端开发人员、系统管理员和运维人员，都能在本书中找到所需的关于 Docker 的内容。本书非常适合作为进入 Docker 领域的第一本书。

——商之狄，微软开放技术（中国）首席项目经理

我很高兴能看到第一本引进国内的 Docker 技术书。这本书对于迫切想了解 Docker 技术以及相关工具使用的技术爱好者来说，是一本值得阅读的入门书籍。

——肖德时，数人云 CTO

阅读本书，就像参加一个 Docker 专家的面授课程，书中包含了很多非常实用的小型案例，让你能够循序渐进地照着学习，加深理解。好多示例代码都可以拿来直接在开发中使用。James Turnbull 是个写书的高手，章节安排合理紧凑，由浅入深地慢慢引领你理解 Docker 的奥秘。Docker 不仅仅是技术，更是一个生态系统，技术和新项目层出不穷，每一章最后都有介绍本章相关的互联网项目（都可能是下一个 Google），这是最能体现作者技术功力的。无论你是哪个行业的程序员，这本 Docker 的书绝对会让你受益匪浅。

——蔡煜，爱立信软件开发高级专家

相比 OpenStack 这种厂商主导的开源项目，Docker 的社区更具极客风格，更加活跃，也更具颠覆潜力。对 Docker 本身，已经不用我再多说，只希望大家都看看这本书，并能积极尝试 Docker。纵观 IT 行业历史，大的技术变革从来不是诞生于大厂商口中的金蛋，而是一小撮儿爱好者的小玩意儿，而 Docker 正是这个路子。

——赵鹏，Hyper 投资人

Go 语言是近年来 IT 技术发展历程中最伟大的事情，而 Docker 的出现则是云计算发展的重要里程碑。作为 Go 语言的杀手级应用，Docker 推动了 Go 语言社区的发展。技术的全球同步化在加速，但非英语母语一定程度制约了中国 IT 技术的发展。这是一本 Docker 团队成员撰写的书，是一份难得的学习 Docker 技术的权威教材。我很高兴见到中文翻译能够如此迅速地跟进，这是一件了不起的事情。我很期待更多人能够通过这本书，了解 Docker，参与到 Docker 的生态中，共同推进中国 IT 产业的进步。

——许式伟，七牛云存储 CEO，《Go 语言编程》作者

我非常喜欢这本书，它弥补了开源项目通常缺失的文档部分。书中涉及从安装到入门到业务场景下的各种应用及开发。本书作者的权威性以及译者的专业态度也保证了这本书的严谨性。这本书非常适合广大的 Docker 爱好者阅读。

——杜玉杰，OpenStack 基金会董事

序

听到《第一本 Docker 书》要根据原版更新出版修订版的消息，感慨国内计算机方面书籍的技术出版已经非常专业，在书籍选择和翻译上都很用心，感谢杨海玲编辑为这本书的出版所做的巨大努力，这本书为国内的 Docker 技术普及提供了莫大的帮助。

从本书的第一版发行到现在，容器社区出现了翻天覆地的变化。Docker 虽然是目前容器社区的最大赢家，是很多用户使用容器的首选，但从 1.9 版本开始它逐渐移除了对其他容器解决方案的支持。以前进入容器社区时宣讲的容器引擎不复存在，随之而来的是更多商业因素掺杂的一个开源项目。如果 Docker 公司有幸成功，我们将有机会见证在云时代一个开源创业公司如何成为商业领域的成功者，也为国内的创业者指出了一条可行的路径。但如今这个时代，任何行业、任何形式的垄断不是被摧毁就是在被打破的过程中。容器生态中的每一个成员，都期待着在一个开放的体系中获取自己的位置，获取应得的利益。商业就是如此残酷的游戏，连 OpenStack 这样庞大的生态，都会对容器的快速发展带来的威胁不寒而栗。

在 Linux 基金会的运作下，OCI（Open Container Initiative）和 CNCF（Cloud Native Computing Foundation）两个组织相继成立。他们负责的领域组成了以容器为核心的技术栈，在重新定义 Linux 容器各种标准的同时，通过 Kubernetes 这样的优秀项目为业界提供使用容器的最佳实践。很多从业者意识到，单一容器或单一服务器的一组容器都不再是关注的重点，如何通过云原生应用（Cloud Native Application）和微服务框架（Microservice Framework），把商业逻辑映射为容器集群，为商业成功奠定技术基础才是核心。Docker Swarm 作为 Google Kubernetes 的唯一竞争对手，关于它的内容是本书读者最需要关注的，正确选择容器编排调度工具比选择容器引擎更为关键。容器相关标准不断发布，所有容器相关的各种工具都会根据标准修改自己的接口，生态环境会随之更加开放和健壮。

开源不再是以往自由软件（Free Software）的精神，而是如今商业社会的重要组成部分。在华为内部一个大型技术会议上的演讲，我用如下的论断作为结束语，也期待给本书的读者带来一点启示：

无开源，不生态。
无生态，不商业。

——马全一，资深架构师，开源技术专家

我们走在容器化的大道上

如果你是一位技术爱好者，时刻关心业界最新动态，那么最近一定没少听说 Docker 吧，这绝对是在技术圈线上线下都在谈论的一个热门话题。

说实话，Docker 算不上是什么全新的技术，它基于 LXC（LinuX Containers），使用 AUFS，而这些都是已经存在很长时间并被广泛应用了的技术。但运营 PaaS 服务的 dotCloud 公司将这些技术整合到一起，提供了简单易用的跨平台、可移植的容器解决方案。Docker 最初由 dotCloud 公司在 2013 年发布。自发布以来，其发展速度之快超乎了很多人的想象，一路高歌猛进，2014 年 6 月终于发布了 1.0 稳定版，而 dotCloud 在 2013 年 10 月干脆连公司名字也改为了 Docker, Inc.。

Docker 也可以被称为轻量级虚拟化技术。与传统的 VM 相比，它更轻量，启动速度更快，单台硬件上可以同时跑成百上千个容器，所以非常适合在业务高峰期通过启动大量容器进行横向扩展。现在的云计算可能更多的是在使用类似 EC2 的云主机，以后也许应该更多地关注容器了。

Docker 是可移植（或者说跨平台）的，可以在各种主流 Linux 发布版或者 OS X 以及 Windows 上（需要使用 boot2docker 或者虚拟机）使用。Java 可以做到"一次编译，到处运行"，而 Docker 则可以称为"构建一次，在各平台上运行"（Build once, run anywhere）。

从这一点可以毫不夸张地说，Docker 是革命性的，它重新定义了软件开发、测试、交付和部署的流程。我们交付的东西不再只是代码、配置文件、数据库定义等，而是整个应用程序运行环境："OS+各种中间件、类库+应用程序代码"。

无论你是开发人员、测试人员还是运维人员，随着对 Docker 越来越深入的了解，你都会爱上它。我们只需要运行几条 `docker run` 就可以配置好开发环境，通过 Dockerfile 或者 Docker Hub 与他人分享我们的镜像，与其他服务集成，进行开发流程的自动化。

- 开发工程师开发、提交代码到代码服务器（GitHub、BitBucket、Gitlab 等）。
- 代码服务器通过 webhook 调用 CI/CD 服务，如 Codeship（没错，就是 2014 年 11

月刚融资 800 万美元的那家初创公司)、Shippable、CircleCI 或者自建 Jenkins 等。

- CI 服务器下载最新代码,构建 Docker 镜像,并进行测试。
- 自动集成测试通过之后,就可以将之前构建的镜像推送到私有 Registry。
- 运维使用新版的 Docker 镜像进行部署。

试想一下这种开发流程是不是很酷?除了工作流程的自动化之外,还能消除线上线下环境不一致导致的问题。以后"在我的机器上运行得好好的……"这种托词应该再也没人信了吧。

Docker 是为 Infrastructure as code 而生的,通过 Dockerfile,镜像创建过程变得自动且可重复,还能进行版本管理。

Docker 是为不可变基础设施(Immutable Infrastructure)而生的,对无状态服务的升级、部署将会更轻便更简单:我们无须再对它们的配置进行修改,只需要销毁这个服务并重建一个就好了。

Docker 也是为云计算而生的,Docker 的出现离不开云计算的兴起,反过来更多的云计算服务提供商也都开始把 Docker 纳入自己的服务体系之中,比如最近一个大事件就是 Google 刚刚发布了 Google Container Engine(alpha)服务,一个基于其开源 Docker 编配工具 Kubernetes 的"Cluster-as-a-Service"。容器技术在云计算时代的重要程度由此可见一斑。

这是一本带领读者进入 Docker 世界的入门书。阅读本书除了能帮助读者理解 Docker 的基本原理,熟练掌握 Docker 的各种常见的基本操作之外,还能帮助读者了解 Docker 的实际应用场景以及如何利用 Docker 进行开发等话题,比如,如何使用 Docker 和 Jenkins 进行测试,如何对应用程序进行 Docker 化,以及如何构建由 Node.js 和 Redis 组成的多容器应用栈。当然,书中也不会忘了最近比较火的 Fig——一个 Docker 编配工具,开发此工具的公司是位于英国伦敦的 Orchard Laboratories,前段时间该公司刚刚被 Docker 收购,继续 Fig 的开发。现代应用程序都离不开 API,Docker 当然也不例外。在第 8 章中,读者将学到如何使用 API 而不是 Docker 命令来对 Docker 镜像和容器进行管理。如果你也想为 Docker 贡献自己的力量,那么一定不能错过第 9 章的内容,这一章将会主要介绍如何给 Docker 提 issue,如何完成 Docker 文档,以及如何构建 Docker 开发环境和提交 Pull Request。

最后,我谨代表合译者李兆海和巨震,向在本书翻译过程中给予了很大帮助的一些人表示最诚挚的感谢。Fiona（冯钊）在本书编写过程中做了很多沟通和协调工作，也对很多术语翻译提出了建议。马全一是 Docker 中文社区的创始人，也是本书中文版翻译工作的发起人。此外还有人民邮电出版社的杨海玲等编辑老师，没有她们的认真工作，这本书也不会以完美的形式展现在各位读者面前。

——刘斌

前言

本书面向的读者

本书适合希望实施 Docker 或基于容器的虚拟化技术的开发者、系统管理员和有意用 DevOps 的人员阅读。

要阅读本书，读者需要具备一定的 Linux/Unix 技能，并熟悉命令行、文件编辑、软件包安装、服务管理和基本的网络知识。

> **注意**
>
> 本书专注于 1.9 或更高版本的 Docker，该版本不与早期版本向下兼容。实际上，在生产环境中，也推荐使用 1.9 或更高版本。

致谢

- 感谢我的合伙人及好友 Ruth Brown，感谢你迁就我进行本书的写作。

- 感谢 Docker 公司的团队，感谢你们开发出 Docker，并在本书写作期间提供无私的帮助。

- 感谢#docker 频道和 Docker 邮件列表里的朋友们。

- 感谢 Royce Gilbert，感谢你不仅提供超赞的技术插图，还为本书英文版设计了封面。

- 感谢 Abhinav Ajgaonkar，感谢你提供自己的 Node.js 和 Express 示例应用程序。

- 感谢本书的技术审校团队，你们让我时刻保持头脑清醒，并指出了书中的愚蠢错误。

- 感谢 Robert P. J. Day，感谢你在本书发布后提供了极详细的勘误表。

本书中有 3 张配图是由 Docker 公司提供的。

Docker^{TM} 是 Docker 公司的注册商标。

技术审稿人团队

Scott Collier

Scott Collier 是一位高级主任系统工程师，就职于 Red Hat 的系统设计及工程团队。该团队根据从销售、市场以及工程团队收集到的数据，甄别并提供高价值的解决方案，并为内外部用户开发参考架构。Scott 是 Red Hat 认证构架师（RHCA），具有超过 15 年的 IT 从业经验，他现在专注于 Docker、OpenShift 以及 Red Hat 系列产品。

除了思考分布式构架之外，Scott 喜欢跑步、登山、露营，还喜欢陪妻子和 3 个孩子在得克萨斯州的奥斯汀享受烧烤。他的技术文章以及相关信息可以在其个人博客上找到。

John Ferlito

John 是一位连续创业者，同时也是高可用性、可扩展性基础设备专家。John 现在在自己创建的 Bulletproof 公司担任 CTO，这是一家提供关键任务的云服务商，同时，John 还兼任提供综合视频服务的 Vquence 公司的 CTO。

在空闲时间，John 投身自由及开源软件（Free and Open Source Soft，FOSS）社区。他是 linux.conf.au 2007 会议的联合发起人，也是 2007 年悉尼 Linux 用户委员会（Sydney Linux User Group，SLUG）的委员。他做过大量的开源项目，如 Debian、Ubuntu、Puppet 以及 Annodex 套件。读者可以在他的个人博客上查看他的文章。John 拥有新南威尔士大学的工程学士荣誉学位（计算机科学类）。

Paul Nasrat

Paul Nasrat 就职于 Google 公司，是一位网站可靠性工程师，同时也是 Docker 的贡献者。他在系统工程领域做了大量的开源工具，包括启动加载器、包管理以及配置管理等。

Paul 做过各种系统管理和软件开发的工作。他曾在 Red Hat 担任软件工程师，还在 ThoughtWorks 公司担任过基础设备专家级顾问。Paul 在各种大会上做过演讲，既有 DevOps 活动早期在 2009 年敏捷大会上关于敏捷基础设备的演讲，也有在小型聚会和会议上的演讲。

技术插图作家

Royce Gilbert 是本书技术插图的作者，在他超过 30 年的从业经验中，他做过 CAD 设计、计算机支持、网络技术、项目管理，还曾为多家世界 500 强企业提供商务系统分析，包括安然（Enron）、康柏（Compaq）、科氏（Koch）和阿莫科（Amoco）集团。Royce 在位于堪萨斯州曼哈顿的堪萨斯州立大学担任系统/业务分析员。他业余时间在自己的 Royce 艺术工作室进行创作，是一位独立艺术家和技术插画家。他和 38 岁的妻子在堪萨斯州的弗林特山上修复了一间有 127 年历史的石头老屋，并以此为居所，过着平静的生活。

校对者

Q 女士在纽约地区长大，是一位高中教师、纸杯蛋糕冷冻师、业余科学家、法医人类学家，还是一名灾难应急专家。她现居旧金山，制作音乐，研究表演，整理 ng-newsletter，并负责照顾 Stripe 公司的名流。

排版约定

这是行内代码语句：`inline code statement`。

下面是代码块：

代码清单 0-1　示例代码块

```
This is a code block
```

过长的代码行会换行。

代码及示例

读者可以在 http://www.dockerbook.com/code/index.html 获取本书的代码和示例程序，也可以从 GitHub（https://github.com/jamtur01/dockerbook-code）签出。

说明

本书英文原版是用 Markdown 格式写的，同时也使用了大量的 LaTeX 格式的标记符号，然后用 PanDoc 转成 PDF 和其他格式（还使用了 Backbone.js on Rails 那帮好兄弟写的脚本）。

勘误

如果读者发现任何错误，请用电子邮件与我联系，我的邮箱是 james+errata@lovedthanlost.net。

版本

本书是 *The Docker Book* 一书 v1.9.1 版的中文版。

目录

第1章
简介

在计算世界中，容器拥有一段漫长且传奇的历史。容器与管理程序虚拟化（hypervisor virtualization，HV）有所不同，管理程序虚拟化通过中间层将一台或多台独立的机器虚拟运行于物理硬件之上，而容器则是直接运行在操作系统内核之上的用户空间。因此，容器虚拟化也被称为"操作系统级虚拟化"，容器技术可以让多个独立的用户空间运行在同一台宿主机上。

由于"客居"于操作系统，容器只能运行与底层宿主机相同或相似的操作系统，这看起来并不是非常灵活。例如，可以在 Ubuntu 服务器中运行 RedHat Enterprise Linux，但却无法在 Ubuntu 服务器上运行 Microsoft Windows。

相对于彻底隔离的管理程序虚拟化，容器被认为是不安全的。而反对这一观点的人则认为，由于虚拟机所虚拟的是一个完整的操作系统，这无疑增大了攻击范围，而且还要考虑管理程序层潜在的暴露风险。

尽管有诸多局限性，容器还是被广泛部署于各种各样的应用场合。在超大规模的多租户服务部署、轻量级沙盒以及对安全要求不太高的隔离环境中，容器技术非常流行。最常见的一个例子就是"权限隔离监牢"（chroot jail），它创建一个隔离的目录环境来运行进程。如果权限隔离监牢中正在运行的进程被入侵者攻破，入侵者便会发现自己"身陷囹圄"，因为权限不足被困在容器创建的目录中，无法对宿主机进行进一步的破坏。

最新的容器技术引入了 OpenVZ、Solaris Zones 以及 Linux 容器（如 lxc）。使用这些新技术，容器不再仅仅是一个单纯的运行环境。在自己的权限范围内，容器更像是一个完整的宿主机。对 Docker 来说，它得益于现代 Linux 内核特性，如控件组（control group）、命名空间（namespace）技术，容器和宿主机之间的隔离更加彻底，容器有独立的网络和存储栈，还拥有自己的资源管理能力，使得同一台宿主机中的多个容器可以友好地共存。

容器经常被认为是精益技术，因为容器需要的开销有限。和传统的虚拟化以及半虚拟化（paravirtualization）相比，容器运行不需要模拟层（emulation layer）和管理层（hypervisor layer），而是使用操作系统的系统调用接口。这降低了运行单个容器所需的开销，也使得宿主机中可以运行更多的容器。

尽管有着光辉的历史，容器仍未得到广泛的认可。一个很重要的原因就是容器技术的复杂性：容器本身就比较复杂，不易安装，管理和自动化也很困难。而 Docker 就是为改变这一切而生。

1.1 Docker 简介

Docker 是一个能够把开发的应用程序自动部署到容器的开源引擎。由 Docker 公司（www.docker.com，前 dotCloud 公司，PaaS 市场中的老牌提供商）的团队编写，基于 Apache 2.0 开源授权协议发行。

> **注意**
>
> 顺便披露一个小新闻：作者本人目前是 Docker 公司的顾问。

那么 Docker 有什么特别之处呢？Docker 在虚拟化的容器执行环境中增加了一个应用程序部署引擎。该引擎的目标就是提供一个轻量、快速的环境，能够运行开发者的程序，并方便高效地将程序从开发者的笔记本部署到测试环境，然后再部署到生产环境。Docker 极其简洁，它所需的全部环境只是一台仅仅安装了兼容版本的 Linux 内核和二进制文件最小限的宿主机。而 Docker 的目标就是要提供以下这些东西。

1.1.1 提供一个简单、轻量的建模方式

Docker 上手非常快，用户只需要几分钟，就可以把自己的程序"Docker 化"（Dockerize）。Docker 依赖于"写时复制"（copy-on-write）模型，使修改应用程序也非常迅速，可以说达到了"随心所至，代码即改"的境界。

随后，就可以创建容器来运行应用程序了。**大多数 Docker 容器只需不到 1 秒钟即可启动**。由于去除了管理程序的开销，Docker 容器拥有很高的性能，同时同一台宿主机中也可以运行更多的容器，使用户可以尽可能充分地利用系统资源。

1.1.2　职责的逻辑分离

使用 Docker，开发人员只需要关心容器中运行的应用程序，而运维人员只需要关心如何管理容器。Docker 设计的目的就是要加强开发人员写代码的开发环境与应用程序要部署的生产环境的一致性，从而降低那种"开发时一切都正常，肯定是运维的问题"的风险。

1.1.3　快速、高效的开发生命周期

Docker 的目标之一就是缩短代码从开发、测试到部署、上线运行的周期，让你的应用程序具备可移植性，易于构建，并易于协作。

1.1.4　鼓励使用面向服务的架构

Docker 还鼓励面向服务的架构和微服务架构[①]。Docker 推荐单个容器只运行一个应用程序或进程，这样就形成了一个分布式的应用程序模型，在这种模型下，应用程序或服务都可以表示为一系列内部互联的容器，从而使分布式部署应用程序，扩展或调试应用程序都变得非常简单，同时也提高了程序的内省性。

> **注意**
>
> 如果你愿意，当然不必拘泥于这种模式，你可以轻松地在一个容器内运行多个进程的应用程序。

1.2　Docker 组件

我们来看看 Docker 的核心组件：

- Docker 客户端和服务器，也称为 Docker 引擎；
- Docker 镜像；
- Registry；
- Docker 容器。

[①] http://martinfowler.com/articles/microservices.html

1.2.1   Docker 客户端和服务器

Docker 是一个客户端/服务器（C/S）架构的程序。Docker 客户端只需向 Docker 服务器或守护进程发出请求，服务器或守护进程将完成所有工作并返回结果。Docker 守护进程有时也称为 Docker 引擎。Docker 提供了一个命令行工具 docker 以及一整套 RESTful API[①]来与守护进程交互。用户可以在同一台宿主机上运行 Docker 守护进程和客户端，也可以从本地的 Docker 客户端连接到运行在另一台宿主机上的远程 Docker 守护进程。图 1-1 描绘了 Docker 的架构。

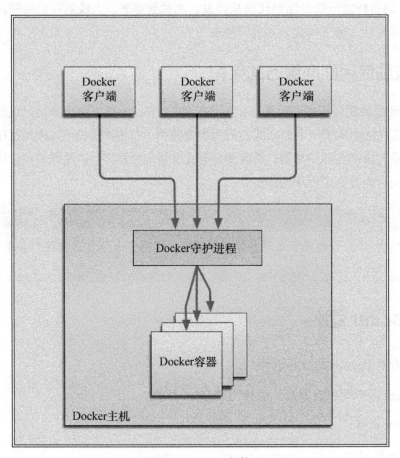

图 1-1   Docker 架构

---

① http://docs.docker.com/reference/api/docker_remote_api/

1.2.2　Docker 镜像

镜像是构建 Docker 世界的基石。用户基于镜像来运行自己的容器。镜像也是 Docker 生命周期中的"构建"部分。镜像是基于联合（Union）文件系统的一种层式的结构，由一系列指令一步一步构建出来。例如：

- 添加一个文件；

- 执行一个命令；

- 打开一个端口。

也可以把镜像当作容器的"源代码"。镜像体积很小，非常"便携"，易于分享、存储和更新。在本书中，我们将会学习如何使用已有的镜像，同时也会尝试构建自己的镜像。

1.2.3　Registry

Docker 用 Registry 来保存用户构建的镜像。Registry 分为公共和私有两种。Docker 公司运营的公共 Registry 叫作 Docker Hub。用户可以在 Docker Hub[①]注册账号[②]，分享并保存自己的镜像。

根据最新统计，Docker Hub 上有超过 10 000 注册用户构建和分享的镜像。需要 Nginx Web 服务器[③]的 Docker 镜像，或者 Asterix 开源 PABX 系统[④]的镜像，抑或是 MySQL 数据库[⑤]的镜像？这些镜像在 Docker Hub 上都有，而且具有多种版本。

用户也可以在 Docker Hub 上保存自己的私有镜像。例如，包含源代码或专利信息等需要保密的镜像，或者只在团队或组织内部可见的镜像。

用户甚至可以架设自己的私有 Registry。具体方法会在第 4 章中讨论。私有 Registry 可以受到防火墙的保护，将镜像保存在防火墙后面，以满足一些组织的特殊需求。

1.2.4　容器

Docker 可以帮用户构建和部署容器，用户只需要把自己的应用程序或服务打包放进容

---

① http://hub.docker.com/
② https://hub.docker.com/account/signup/
③ https://hub.docker.com/search?q=nginx
④ https://hub.docker.com/search?q=Asterisk
⑤ https://hub.docker.com/search?q=mysql

器即可。我们刚刚提到，容器是基于镜像启动起来的，容器中可以运行一个或多个进程。我们可以认为，镜像是 Docker 生命周期中的构建或打包阶段，而容器则是启动或执行阶段。

总结起来，Docker 容器就是：

- 一个镜像格式；
- 一系列标准的操作；
- 一个执行环境。

Docker 借鉴了标准集装箱的概念。标准集装箱将货物运往世界各地，Docker 将这个模型运用到自己的设计哲学中，唯一不同的是：集装箱运输货物，而 Docker 运输软件。

每个容器都包含一个软件镜像，也就是容器的"货物"，而且与真正的货物一样，容器里的软件镜像可以进行一些操作。例如，镜像可以被创建、启动、关闭、重启以及销毁。

和集装箱一样，Docker 在执行上述操作时，并不关心容器中到底塞进了什么，它不管里面是 Web 服务器，还是数据库，或者是应用程序服务器什么的。所有容器都按照相同的方式将内容"装载"进去。

Docker 也不关心用户要把容器运到何方：用户可以在自己的笔记本中构建容器，上传到 Registry，然后下载到一个物理的或者虚拟的服务器来测试，再把容器部署到 Amazon EC2 主机的集群中去。像标准集装箱一样，Docker 容器方便替换，可以叠加，易于分发，并且尽量通用。

使用 Docker，可以快速构建一个应用程序服务器、一个消息总线、一套实用工具、一个持续集成（continuous integration，CI）测试环境或者任意一种应用程序、服务或工具。可以在本地构建一个完整的测试环境，也可以为生产或开发快速复制一套复杂的应用程序栈。可以说，Docker 的应用场景相当广泛。

1.3　能用 Docker 做什么

那么，为什么要关注 Docker 或容器技术呢？前面已经简单地讨论了容器提供的隔离性，结论是，容器可以为各种测试提供很好的沙盒环境。并且，容器本身就具有"标准性"的特征，非常适合为服务创建构建块。Docker 的一些应用场景如下。

- 加速本地开发和构建流程，使其更加高效、更加轻量化。本地开发人员可以构建、运行并分享 Docker 容器。容器可以在开发环境中构建,然后轻松地提交到测试环境中,并最终进入生产环境。

- 能够让独立服务或应用程序在不同的环境中,得到相同的运行结果。这一点在面向服务的架构和重度依赖微型服务的部署中尤其实用。

- 用 Docker 创建隔离的环境来进行测试。例如,用 Jenkins CI 这样的持续集成工具启动一个用于测试的容器。

- Docker 可以让开发者先在本机上构建一个复杂的程序或架构来进行测试,而不是一开始就在生产环境部署、测试。

- 构建一个多用户的平台即服务(PaaS)基础设施。

- 为开发、测试提供一个轻量级的独立沙盒环境,或者将独立的沙盒环境用于技术教学,如 Unix shell 的使用、编程语言教学。

- 提供软件即服务(SaaS)应用程序。

- 高性能、超大规模的宿主机部署。

本书为读者提供了一个基于和围绕 Docker 生态环境构建的早期项目列表,详情请查看 http://blog.docker.com/2013/07/docker-projects-from-the-docker-community/。

1.4　Docker 与配置管理

从 Docker 项目公布以来,已经有大量关于"哪些配置管理工具适用于 Docker"的讨论,如 Puppet、Chef。Docker 包含一套镜像构建和镜像管理的解决方案。现代配置管理工具的原动力之一就是"黄金镜像"模型。然而,使用黄金镜像的结果就是充斥了大量、无管理状态的镜像:已部署或未部署的复杂镜像数量庞大,版本状态混乱不堪。随着镜像的使用,不确定性飞速增长,环境中的混乱程度急剧膨胀。镜像本身也变得越来越笨重。最终不得不手动修正镜像中不符合设计和难以管理的配置层,因为底层的镜像缺乏适当的灵活性。

与传统的镜像模型相比,Docker 就显得轻量多了:镜像是分层的,可以对其进行迅速的迭代。数据表明,Docker 的这些特性确实能够减轻许多传统镜像管理中的麻烦。现在还难以确定 Docker 是否可以完全取代配置管理工具,但是从幂等性和内省性来看,Docker 确实能够获得非常好的效果。Docker 本身还是需要在主机上进行安装、管理和部署的。而主机也需要被管理起来。这样，Docker 容器需要编配、管理和部署，也经常需要与外部服务和工具进行通信，而这些恰恰是配置管理工具所擅长的。

Docker 一个显著的特点就是，对不同的宿主机、应用程序和服务，可能会表现出不同的特性与架构（或者确切地说，Docker 本就是被设计成这样的）：Docker 可以是短生命周期的，但也可以用于恒定的环境，可以用一次即销毁，也可以提供持久的服务。这些行为并不会给 Docker 增加复杂性，也不会和配置管理工具的需求产生重合。基于这些行为，我们基本不需要担心管理状态的持久性，也不必太担心状态的复杂性，因为容器的生命周期往往比较短，而且重建容器状态的代价通常也比传统的状态修复要低。

然而，并非所有的基础设施都具备这样的"特性"。在未来的一段时间内，Docker 这种理想化的工作负载可能会与传统的基础设备部署共存一段时间。长期运行的主机和物理设备上运行的主机在很多组织中仍具有不可替代的地位。由于多样化的管理需求，以及管理 Docker 自身的需求，在绝大多数组织中，Docker 和配置管理工具可能都需要部署。

1.5   Docker 的技术组件

Docker 可以运行于任何安装了现代 Linux 内核的 x64 主机上。推荐的内核版本是 3.8 或者更高。Docker 的开销比较低，可以用于服务器、台式机或笔记本。它包括以下几个部分。

- 一个原生的 Linux 容器格式，Docker 中称为 `libcontainer`。
- Linux 内核的命名空间（namespace）[①]，用于隔离文件系统、进程和网络。
- 文件系统隔离：每个容器都有自己的 root 文件系统。
- 进程隔离：每个容器都运行在自己的进程环境中。
- 网络隔离：容器间的虚拟网络接口和 IP 地址都是分开的。
- 资源隔离和分组：使用 cgroups[②]（即 control group，Linux 的内核特性之一）将 CPU 和内存之类的资源独立分配给每个 Docker 容器。
- 写时复制[③]：文件系统都是通过写时复制创建的，这就意味着文件系统是分层的、快速的，而且占用的磁盘空间更小。

---

① http://lwn.net/Articles/531114/
② http://en.wikipedia.org/wiki/Cgroups
③ http://en.wikipedia.org/wiki/Copy-on-write

- 日志：容器产生的 `STDOUT`、`STDERR` 和 `STDIN` 这些 IO 流都会被收集并记入日志，用来进行日志分析和故障排错。
- 交互式 shell：用户可以创建一个伪 tty 终端，将其连接到 `STDIN`，为容器提供一个交互式的 shell。

1.6　本书的内容

在本书中，我们将讲述如何安装、部署、管理 Docker，并对其进行功能扩展。我们首先会介绍 Docker 的基础知识及其组件，然后用 Docker 构建容器和服务，来完成各种的任务。

我们还会体验从测试到生产环境的完整开发生命周期，并会探讨 Docker 适用于哪些领域，Docker 是如何让我们的生活更加简单的。我们使用 Docker 为新项目构建测试环境，演示如何将 Docker 集成到持续集成工作流，如何构建程序应用的服务和平台。最后，我们会向大家介绍如何使用 Docker 的 API，以及如何对 Docker 进行扩展。

我们将会教大家如何：

- 安装 Docker；
- 尝试使用 Docker 容器；
- 构建 Docker 镜像；
- 管理并共享 Docker 镜像；
- 运行、管理更复杂的 Docker 容器和 Docker 容器栈；
- 将 Docker 容器的部署纳入测试流程；
- 构建多容器的应用程序和环境；
- 介绍使用 Docker Compose、Consul 和 Swarm 进行 Docker 编配的基础；
- 探索 Docker 的 API；
- 获取帮助文档并扩展 Docker。

推荐读者按顺序阅读本书。每一章都会以前面章节的 Docker 知识为基础，并引入新的特性和功能。读完本书后，读者应该会对如何使用 Docker 构建标准容器、部署应用程序、测试环境和独立的服务有比较深刻的理解。

1.7   Docker 资源

- Docker 官方网站（http://www.docker.com/）。

- Docker Hub（http://hub.docker.com）。

- Docker 官方博客（http://blog.docker.com/）。

- Docker 官方文档（http://docs.docker.com/）。

- Docker 快速入门指南（http://www.docker.com/tryit/）。

- Docker 的 GitHub 源代码（https://github.com/docker/docker）。

- Docker Forge（https://github.com/dockerforge）：收集了各种 Docker 工具、组件和服务。

- Docker 邮件列表（https://groups.google.com/forum/#!forum/docker-user）。

- Docker 的 IRC 频道（irc.freenode.net）。

- Docker 的 Twitter 主页（http://twitter.com/docker）。

- Docker 的 Stack Overflow 问答主页（http://stackoverflow.com/search?q=docker）。

除这些资源之外，在第 9 章中会详细介绍去哪里以及如何获得 Docker 的帮助信息。

第 2 章

安装 Docker

Docker 的安装既快又简单。目前，Docker 已经支持非常多的 Linux 平台，包括 Ubuntu
和 RHEL（Red Hat Enterprise Linux，Red Hat 企业版 Linux）。除此之外，Docker 还支持 Debian、
CentOS、Fedora、Oracle Linux 等衍生系统和相关的发行版。如果使用虚拟环境，甚至也可
以在 OS X 和 Microsoft Windows 中运行 Docker。

目前来讲，Docker 团队推荐在 Ubuntu、Debian 或者 RHEL 系列（CentOS、Fedora 等）
宿主机中部署 Docker，这些发行版中直接提供了可安装的软件包。本章将介绍如何在 4 种
各有所长的操作系统中安装 Docker，包括：

- 在运行 Ubuntu 系统的宿主机中安装 Docker；
- 在运行 RHEL 或其衍生的 Linux 发行版的宿主机中安装 Docker；
- 在 OS X 系统中用 Docker Toolbox[①]工具安装 Docker；
- 在 Microsoft Windows 系统中使用 Docker Toolbox 工具安装 Docker。

提示

Docker Toolbox 一个安装了运行 Docker 所需一切的组件的集合。它包含 VirtualBox 和一
个极小的虚拟机，同时提供了一个包装脚本（wrapper script）对该虚拟机进行管理。该虚
拟机运行一个守护进程，并在 OS X 或 Microsoft Windows 中提供一个本地的 Docker 守护
进程。Docker 的客户端工具 docker 作为这些平台的原生程序被安装，并连接到在
Docker Toolbox 虚拟机中运行的 Docker 守护进程。Docker Toolbox 替代了 Boot2Docker。

Docker 也可以在很多其他 Linux 发行版中运行，包括 Debian、SUSE[②]、Arch Linux[③]、

---

① https://www.docker.com/toolbox
② http://docs.docker.com/installation/openSUSE/
③ http://docs.docker.com/installation/archlinux/

CentOS 和 Gentoo[①]。Docker 也支持一些云平台，包括 Amazon EC2[②]、Rackspace Cloud[③]和 Google Compute Engine[④]。

> **提示**
>
> 可以在 Docker 安装指南（https://docs.docker.com/engine/installation/）查到完整的 Docker 支持平台列表。

我们之所以选择对在这 4 种环境下 Docker 的安装方法进行介绍，主要是因为它们是 Docker 社区中最常用的几种环境。例如，开发人员使用 OS X 电脑，系统管理员使用 Windows 工作站，而测试、预演（staging）或生产环境运行的是 Docker 原生支持的其他平台。这样，开发人员和系统管理员就可以在自己的 OS X 或者 Windows 工作站中用 Docker Toolbox 构建 Docker 容器，然后把这些容器放到运行其他支持平台的测试、预演或者生产环境中。

建议读者至少使用 Ubuntu 或者 RHEL 完整地安装一遍 Docker，以了解 Docker 安装需要哪些前提条件，也能够了解到底如何安装 Docker。

> **提示**
>
> 和所有安装过程一样，我也推荐读者了解一下如何使用 Puppet[⑤]或 Chef[⑥]这样的工具来安装 Docker，而不是纯手动安装。例如，可以在网上找到安装 Docker 的 Puppet 模块[⑦]和 Chef cookbook[⑧]。

2.1   安装 Docker 的先决条件

和安装其他软件一样，安装 Docker 也需要一些基本的前提条件。Docker 要求的条件具体如下。

- 运行 64 位 CPU 构架的计算机（目前只能是 x86_64 和 amd64），请注意，Docker 目

---

① http://docs.docker.com/installation/gentoolinux/
② http://docs.docker.com/installation/amazon/
③ http://docs.docker.com/installation/rackspace/
④ http://docs.docker.com/installation/google/
⑤ http://www.puppetlabs.com
⑥ http://www.opscode.com
⑦ http://docs.docker.com/use/puppet/
⑧ http://community.opscode.com/cookbooks/docker

前不支持 32 位 CPU。

- 运行 Linux 3.8 或更高版本内核。一些老版本的 2.6.x 或其后的内核也能够运行 Docker，但运行结果会有很大的不同。而且，如果需要就老版本内核寻求帮助，通常大家会被建议升级到更高版本的内核。

- 内核必须支持一种适合的存储驱动（storage driver），例如：

  - Device Manager[①]；

  - AUFS[②]；

  - vfs[③]；

  - btrfs[④]；

  - ZFS（在 Docker 1.7 中引入）；

  - 默认存储驱动通常是 Device Mapper 或 AUFS。

- 内核必须支持并开启 cgroup[⑤]和命名空间[⑥]（namespace）功能。

2.2　在 Ubuntu 和 Debian 中安装 Docker

目前，官方支持在以下版本的 Ubuntu 和 Debian 中安装 Docker：

- Ubuntu Wily 15.10（64 位）；

- Ubuntu Vivid 15.04（64 位）；

- Ubuntu Trusty 14.04（LTS）（64 位）；

- Ubuntu Precise 12.04（LTS）（64 位）；

- Ubuntu Raring 13.04（64 位）；

- Ubuntu Saucy 13.10（64 位）；

- Debian 8.0 Jessie（64 位）；

- Debian 7.7 Wheezy（64 位）。

---

① http://en.wikipedia.org/wiki/Device_mapper
② http://en.wikipedia.org/wiki/Aufs
③ http://en.wikipedia.org/wiki/Virtual_file_system
④ http://en.wikipedia.org/wiki/Btrfs
⑤ http://en.wikipedia.org/wiki/Cgroups
⑥ http://blog.dotcloud.com/under-the-hood-linux-kernels-on-dotcloud-part

> **注意**
>
> 这并不意味着上面清单之外的 Ubuntu（或 Debian）版本就不能安装 Docker。只要有适当的内核和 Docker 所必需的支持，其他版本的 Ubuntu 也是可以安装 Docker 的，只不过这些版本并没有得到官方支持，因此，遇到的 bug 可能无法得到官方的修复。

安装之前，还要先确认一下已经安装了 Docker 所需的前提条件。我创建了一个要安装 Docker 的全新 Ubuntu 14.04 LTS 64 位宿主机，称之为 `darknight.example.com`。

2.2.1　检查前提条件

在 Ubuntu 宿主机中安装并运行 Docker 所需的前提条件并不多，下面一一列出。

1．内核

首先，确认已经安装了能满足要求的 Linux 内核。可以通过 `uname` 命令来检查内核版本信息，如代码清单 2-1 所示。

代码清单 2-1　检查 Ubuntu 内核的版本

```
$ uname -a
Linux darknight.example.com 3.13.0-43-generic #72-Ubuntu SMP Mon Dec
8 19:35:06 UTC 2014 x86_64 x86_64 x86_64 GNU/Linux
```

可以看到，这里安装的是 3.13.0 x86_64 版本的内核。这是 Ubuntu 14.04 及更高版本默认的内核。

如果使用 Ubuntu 较早的发行版，可以有一个较早的内核。应该可以轻松地用 `apt-get` 把 Ubuntu 升级到最新的内核，如代码清单 2-2 所示。

代码清单 2-2　在 Ubuntu Precise 中安装 3.13 内核

```
$ sudo apt-get update
$ sudo apt-get install linux-headers-3.13.0-43-generic
  linux-image-3.13.0-43-generic linux-headers-3.13.0-43
```

> **注意**
>
> 本书中的所有操作都使用 `sudo` 来获取所需的 `root` 权限。

然后，就可以更新 Grub 启动加载器来加载新内核，如代码清单 2-3 所示。

代码清单 2-3　更新 Ubuntu Precise 的启动加载器

```
$ sudo update-grub
```

安装完成后需要重启宿主机来启用新的 3.8 内核或者更新的内核，如代码清单 2-4 所示。

代码清单 2-4　重启 Ubuntu 宿主机

```
$ sudo reboot
```

重启之后，可以再次使用 uname -a 来确认已经运行了正确版本的内核。

2. 检查 Device Mapper

这里将使用 Device Mapper 作为存储驱动。自 2.6.9 版本的 Linux 内核开始已经集成了 Device Mapper，并且提供了一个将块设备映射到高级虚拟设备的方法。Device Mapper 支持 "自动精简配置" [①]（thin-provisioning）的概念，可以在一种文件系统中存储多台虚拟设备（Docker 镜像中的层）。因此，用 Device Mapper 作为 Docker 的存储驱动是再合适不过了。

任何 Ubuntu 12.04 或更高版本的宿主机应该都已经安装了 Device Mapper，可以通过代码清单 2-5 所示的命令来确认是否已经安装。

代码清单 2-5　检查 Device Mapper

```
$ ls -l /sys/class/misc/device-mapper
lrwxrwxrwx 1 root root 0 Oct  5 18:50 /sys/class/misc/device-mapper
 -> ../../devices/virtual/misc/device-mapper
```

也可以在 /proc/devices 文件中检查是否有 device-mapper 条目，如代码清单 2-6 所示。

代码清单 2-6　在 Ubuntu 的 `proc` 中检查 Device Mapper

```
$ sudo grep device-mapper /proc/devices
```

如果没有出现 device-mapper 的相关信息，也可以尝试加载 dm_mod 模块，如代码清单 2-7 所示。

代码清单 2-7　加载 Device Mapper 模块

```
$ sudo modprobe dm_mod
```

[①] https://github.com/torvalds/linux/blob/master/Documentation/device-mapper/thin-provisioning.txt cgroup 和命名空间自 2.6 版本开始已经集成在 Linux 内核中了。2.6.38 以后的内核对 cgroup 和命名空间都提供了良好的支持，基本上也没有什么 bug。

2.2.2　安装 Docker

现在"万事俱备，只欠东风"。我们将使用 Docker 团队提供的 DEB 软件包来安装 Docker。

首先，要添加 Docker 的 APT 仓库，如代码清单 2-8 所示。其间，可能会提示我们确认添加仓库并自动将仓库的 GPG 公钥添加到宿主机中。

代码清单 2-8　添加 Docker 的 ATP 仓库

```
$ sudo sh -c "echo deb https://apt.dockerproject.org/repo ubuntu-
trusty main > /etc/apt/sources.list.d/docker.list"
```

应该将 trusty 替换为主机的 Ubuntu 发行版本。这可以通过运行 lsb_release 命令来实现，如代码清单 2-9 所示。

代码清单 2-9　检查主机的 Ubuntu 发行版本

```
$ sudo lsb_release --codename | cut -f2
trusty
```

接下来，要添加 Docker 仓库的 GPG 密钥，如代码清单 2-10 所示。

代码清单 2-10　添加 Docker 仓库的 GPG 密钥

```
$ sudo apt-key adv --keyserver hkp://p80.pool.sks-keyservers.net
:80 --recv-keys 58118E89F3A912897C070ADBF76221572C52609D
```

之后，需要更新 APT 源，如代码清单 2-11 所示。

代码清单 2-11　更新 APT 源

```
$ sudo apt-get update
```

现在，就可以安装 Docker 软件包了，如代码清单 2-12 所示。

代码清单 2-12　在 Ubuntu 中安装 Docker

```
$ sudo apt-get install docker-engine
```

执行该命令后，系统会安装 Docker 软件包以及一些必需的软件包。

> **提示**
>
> 自 Docker 1.8.0 开始，Docker 的软件包名称已经从 `lxc-docker` 变为 `docker-engine`。

安装完毕，用 `docker info` 命令应该能够确认 Docker 是否已经正常安装并运行了，如代码清单 2-13 所示。

代码清单 2-13　确认 Docker 已经安装在 Ubuntu 中

```
$ sudo docker info
Containers: 0
Images: 0
. . .
```

2.2.3　Docker 与 UFW

在 Ubuntu 中，如果使用 UFW[①]，即 Uncomplicated Firewall，那么还需对其做一点儿改动才能让 Docker 工作。Docker 使用一个网桥来管理容器中的网络。默认情况下，UFW 会丢弃所有转发的数据包（也称分组）。因此，需要在 UFW 中启用数据包的转发，这样才能让 Docker 正常运行。我们只需要对 `/etc/default/ufw` 文件做一些改动即可。我们需要将这个文件中代码清单 2-14 所示的代码替换为代码清单 2-15 所示的代码。

代码清单 2-14　原始的 UFW 转发策略

```
DEFAULT_FORWARD_POLICY="DROP"
```

代码清单 2-15　新的 UFW 转发策略

```
DEFAULT_FORWARD_POLICY="ACCEPT"
```

保存修改内容并重新加载 UFW 即可，如代码清单 2-16 所示。

代码清单 2-16　重新加载 UFW 防火墙

```
$ sudo ufw reload
```

2.3　在 Red Hat 和 Red Hat 系发行版中安装 Docker

在 Red Hat 企业版 Linux（或者 CentOS 或 Fedora）中，只有少数几个版本可以安装 Docker，

---

① https://help.ubuntu.com/community/UFW

包括：

- RHEL（和 CentOS）6 或以上的版本（64 位）；
- Fedora 19 或以上的版本（64 位）；
- Oracle Linux 6 和 Oracle Linux 7，带有 Unbreakable 企业内核发行版 3（3.8.13）或者更高版本（64 位）。

> **提示**
>
> 在 Red Hat 企业版 Linux 7 及更高版本中，Docker 已经成为系统自带的软件包了，并且，只有 Red Hat 企业版 Linux 7 是 Red Hat 官方支持 Docker 的发行版本。

2.3.1 检查前提条件

在 Red Hat 和 Red Hat 系列的 Linux 发行版中，安装 Docker 所需的前提条件也并不多。

1. 内核

可以使用代码清单 2-17 所示的 uname 命令来确认是否安装了 3.8 或更高的内核版本。

代码清单 2-17 检查 Red Hat 或 Fedora 的内核

```
$ uname -a
Linux darknight.example.com 3.10.9-200.fc19.x86_64 #1 SMP Wed Aug
  21 19:27:58 UTC 2013 x86_64 x86_64 x86_64 GNU/Linux
```

目前所有官方支持的 Red Hat 和 Red Hat 系列平台，应该都安装了支持 Docker 的内核。

2. 检查 Device Mapper

我们这里使用 Device Mapper 作为 Docker 的存储驱动，为 Docker 提供存储能力。在 Red Hat 企业版 Linux、CentOS 6 或 Fedora 19 及更高版本宿主机中，应该也都安装了 Device Mapper，不过还是需要确认一下，如代码清单 2-18 所示。

代码清单 2-18 检查 Device Mapper

```
$ ls -l /sys/class/misc/device-mapper
lrwxrwxrwx 1 root root 0 Oct  5 18:50 /sys/class/misc/device-mapper
  -> ../../devices/virtual/misc/device-mapper
```

同样，也可以在/proc/devices 文件中检查是否有 device-mapper 条目，如代码清单 2-19 所示。

代码清单 2-19　**在 Red Hat 的 proc 文件中检查 Device Mapper**

```
$ sudo grep device-mapper /proc/devices
```

如果没有检测到 **Device Mapper**，也可以试着安装 `device-mapper` 软件包，如代码清单 2-20 所示。

代码清单 2-20　**安装 Device Mapper 软件包**

```
$ sudo yum install -y device-mapper
```

提示

在新版本的 Red Hat 系列发行版本中，`yum` 命令已经被 `dnf` 命令取代，它们的语法并没有什么变化。

安装完成后，还需要加载 dm_mod 内核模块，如代码清单 2-21 所示。

代码清单 2-21　**加载 Device Mapper 模块**

```
$ sudo modprobe dm_mod
```

模块加载完毕，就应该可以找到/sys/class/misc/device-mapper 条目了。

2.3.2　安装 Docker

在不同版本的 Red Hat 中，安装过程略有不同。在 RHEL 6 或 CentOS 6 中，需要先添加 EPEL 软件包的仓库。而 Fedora 中则不需要启用 EPEL 仓库。在不同的平台和版本中，软件包命名也有细微的差别。

1. 在 RHEL 6 和 CentOS 6 中安装 Docker

对于 Red Hat 企业版 Linux 6 和 CentOS 6，可以使用代码清单 2-22 所示的 RPM 软件包来安装 EPEL。

代码清单 2-22　**在 RHEL 6 和 CentOS 6 中安装 EPEL**

```
$ sudo rpm -Uvh http://download.fedoraproject.org/pub/epel/6/i386
  /epel-release-6-8.noarch.rpm
```

安装完 EPEL 后，就可以安装 Docker 了，如代码清单 2-23 所示。

代码清单 2-23   在 RHEL 6 和 CentOS 6 中安装 Docker 软件包

```
$ sudo yum -y install docker-io
```

2. 在 RHEL 7 中安装 Docker

RHEL 7 或更高的版本可以按照代码清单 2-24 所示的指令来安装 Docker。

代码清单 2-24   在 RHEL 7 中安装 Docker

```
$ sudo subscription-manager repos --enable=rhel-7-server-extras-rpms
$ sudo yum install -y docker
```

要想访问 Red Hat 的 Docker 软件包和文档，必须是 Red Hat 的客户，并拥有 RHEL 服务器订阅授权（RHEL Server subscription entitlement）。

3. 在 Fedora 中安装 Docker

在不同版本的 Fedora 中，有几个软件包的名称有所不同。在 Fedora 19 中，要安装 docker-io 这个软件包，如代码清单 2-25 所示。

> **提示**
>
> 在新版本的 Red Hat 系列发行版本中，yum 命令已经被 dnf 命令取代，它们的语法并没有什么变化。

代码清单 2-25   在 Fedora 19 中安装 Docker

```
$ sudo yum -y install docker-io
```

在 Fedora 20 或更高的版本中，软件包的名称已经改为 docker，如代码清单 2-26 所示。

代码清单 2-26   在 Fedora 20 或更高版本中安装 Docker

```
$ sudo yum -y install docker
```

而在 Fedora 21 中，软件包的名称又回退到了 docker-io，如代码清单 2-27 所示。

代码清单 2-27   在 Fedora 21 上安装 Docker

```
$ sudo yum -y install docker-io
```

最后，到了 Fedora 22，软件包的名称则又变回了 docker。同时，也是在 Fedora 22，yum 命令也不被推荐使用，被 dnf 命令取代了，如代码清单 2-28 所示。

代码清单 2-28　在 Fedora 22 上安装 Docker

```
$ sudo dnf install docker
```

提示

可以在官方网站（https://docs.docker.com/engine/installation/oracle/）找到如何在 Oracle Linux 上安装 Docker 的文档。

2.3.3　在 Red Hat 系发行版中启动 Docker 守护进程

软件包安装完成后就可以启动 Docker 守护进程了。在 RHEL 6 或 CentOS 6 中，可以用代码清单 2-29 所示的命令启动守护进程。

代码清单 2-29　在 Red Hat 企业版 Linux 6 中启动 Docker 守护进程

```
$ sudo service docker start
```

想要在系统开机时自动启动 Docker 服务，还应该执行代码清单 2-30 所示的命令。

代码清单 2-30　确保在 RHEL 6 中开机启动 Docker

```
$ sudo service docker enable
```

在 RHEL 7 或 Fedora 中启动 Docker 服务，则需要执行代码清单 2-31 所示的命令。

代码清单 2-31　在 RHEL 7 中启动 Docker 守护进程

```
$ sudo systemctl start docker
```

想要在系统开机自动启动 Docker 服务，还要执行代码清单 2-32 所示的命令。

代码清单 2-32　确保在 Red Hat 企业版 7 中开机启动 Docker

```
$ sudo systemctl enable docker
```

完成上述工作后，就可以用 docker info 命令来确认 Docker 是否已经正确安装并运行了，如代码清单 2-33 所示。

代码清单 2-33　在 Red Hat 系列发行版中检查 Docker 是否正确安装

```
$ sudo docker info
Containers: 0
```

```
Images: 0
. . .
```

提示

也可以直接从 Docker 官方网站下载 RHEL[①]、CentOS[②]和 Fedora[③]用的最新版 RPM 包。

2.4   在 OS X 中安装 Docker Toolbox

如果使用的是 OS X 系统，则可以使用 Docker Toolbox[④]快速上手 Docker。Docker Toolbox 是一个 Docker 组件的集合，还包括一个极小的虚拟机，在 OS X 宿主机上会安装与之对应的命令行工具，并提供了一个 Docker 环境。

Docker Toolbox 自带了很多组件，包括：

- VirtualBox；
- Docker 客户端；
- Docker Compose（参见第 7 章）；
- Kitematic——一个 Docker 和 Docker Hub 的 GUI 客户端；
- Docker Machine——用于帮助用户创建 Docker 主机。

2.4.1   在 OS X 中安装 Docker Toolbox

要在 OS X 中安装 Docker Toolbox，需要去 GitHub 下载相应的安装程序，可以在 https://www. docker.com/toolbox 找到。

首先需要下载最新版本的 Docker Toolbox，如代码清单 2-34 所示。

代码清单 2-34   下载 Docker Toolbox PKG 文件

```
$ wget https://github.com/docker/toolbox/releases/
download/v1.9.1/DockerToolbox-1.9.1.pkg
```

---

① https://docs.docker.com/engine/installation/rhel/
② https://docs.docker.com/engine/installation/centos/
③ https://docs.docker.com/engine/installation/fedora/
④ https://www.docker.com/toolbox

运行下载的安装文件，并根据提示安装 Docker Toolbox 即可，如图 2-1 所示。

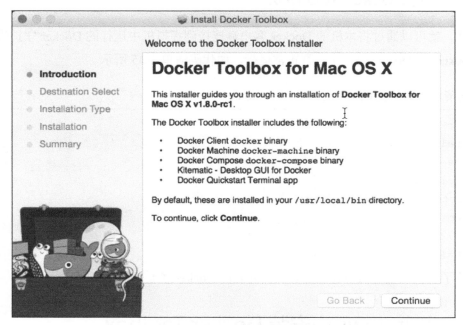

图 2-1　在 OS X 中安装 Docker Toolbox

2.4.2　在 OS X 中启动 Docker Toolbox

现在，已经安装了 Docker Toolbox 及其必需的前提条件，可以开始对其进行配置和测试了。要想对它进行配置，需要运行 Docker Toolbox 应用。

我们可以进入 OS X 系统的 Applications 文件夹，单击 Docker CLI 图标来初始化并启动 Docker Toolbox 虚拟机，如图 2-2 所示。

图 2-2　在 OS X 中运行 oot2Docker

2.4.3   测试 Docker Toolbox

现在，就可以通过将本机的 Docker 客户端连接到虚拟机中运行的 Docker 守护进程，来测试 Docker Toolbox 安装程序是否正常运行，如代码清单 2-35 所示。

代码清单 2-35   在 OSX 中测试 Docker Toolbox

```
$ docker info
Containers: 0
Images: 0
Driver: aufs
  Root Dir: /mnt/sda1/var/lib/docker/aufs
  Dirs: 0
. . .
Kernel Version: 3.13.3-tinycore64
```

太棒了！我们已经可以在 OS X 宿主机运行 Docker 了！

2.5   在 Windows 中安装 Docker Toolbox

如果使用的是 Microsoft Windows 系统，也可以使用 Docker Toolbox 工具快速上手 Docker。Docker Toolbox 是一个 Docker 组件的集合，还包括一个极小的虚拟机，在 Windows 宿主机上安装了一个支持命令行工具，并提供了一个 Docker 环境。

Docker Toolbox 自带了很多组件，包括：

- VirtualBox；
- Docker 客户端；
- Docker Compose（参见第 7 章）；
- Kitematic——一个 Docker 和 Docker Hub 的 GUI 客户端；
- Docker Machine——用于帮助用户创建 Docker 主机。

> **提示**
>
> 也可以通过使用包管理器 Chocolatey[①]来安装 Docker 客户端。

---

① https://chocolatey.org/packages/docker

2.5.1 在 Windows 中安装 Docker Toolbox

要在 Windows 中安装 Docker Toolbox，需要从 GitHub 上下载相应的安装程序，可以在 https://www.docker.com/toolbox 找到。

首先也需要下载最新版本的 Docker Toolbox，如代码清单 2-36 所示。

代码清单 2-36 下载 Docker Toolbox 的 .exe 文件

```
$ wget https://github.com/docker/toolbox/releases/download/v1.9.1/
  DockerToolbox-1.9.1.exe
```

运行下载的安装文件，并根据提示安装 Docker Toolbox，如图 2-3 所示。

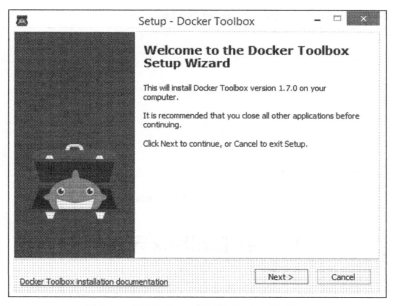

图 2-3 在 Windows 中安装 Docker Toolbox

> **注意**
>
> 只能在运行 Windows 7.1、8/8.1 或者更新版本上安装 Docker Toolbox。

2.5.2 在 Windows 中启动 Docker Toolbox

安装完 Docker Toolbox 后，就可以从桌面或者 Applications 文件夹运行 Docker CLI 应用，如图 2-4 所示。

图 2-4　在 Windows 中运行 Docker Toolbox

2.5.3　测试 Docker Toolbox

现在，就可以尝试使用将本机的 Docker 客户端连接虚拟机中运行的 Docker 守护进程，来测试 Docker Toolbox 是否已经正常安装，如代码清单 2-37 所示。

代码清单 2-37　在 Windows 中测试 Docker Toolbox

```
$ docker info
Containers: 0
Images: 0
Driver: aufs
 Root Dir: /mnt/sda1/var/lib/docker/aufs
 Dirs: 0
. . .
Kernel Version: 3.13.3-tinycore64
```

太棒了！现在，Windows 宿主机也可以运行 Docker 了！

2.6　使用本书的 Docker Toolbox 示例

本书中的一些示例可能会要求通过网络接口或网络端口连接到某个容器，通常这个地址是 Docker 服务器的 localhost 或 IP 地址。因为 Docker Toolbox 创建了一个本地虚拟机，它拥有自己的网络接口和 IP 地址，所以我们需要连接的是 Docker Toolbox 的地址，而不是你的 localhost 或你的宿主机的 IP 地址。

要想得到 Docker Toolbox 的 IP 地址，可以查看 DOCKER_HOST 环境变量的值。当在 OS X 或者 Windows 上运行 Docker CLI 命令时，Docker Toolbox 会设置这个变量的值。

此外，也可以运行 docker-machine ip 命令来查看 Docker Toolbox 的 IP 地址，如代码清单 2-38 所示。

代码清单 2-38　获取 Docker Toolbox 的虚拟机的 IP 地址

```
$ docker-machine ip
The VM's Host only interface IP address is: 192.168.59.103
```

那么，来看一个要求连接 `localhost` 上容器的示例，比如使用 `curl` 命令，只需将 `localhost` 替换成相应的 IP 地址即可。

因此，代码清单 2-39 所示的 `curl` 命令就变成了代码清单 2-40 所示的形式。

代码清单 2-39　初始 `curl` 命令

```
$ curl localhost:49155
```

代码清单 2-40　更新后的 `curl` 命令

```
$ curl 192.168.59.103:49155
```

另外，很重要的一点是，任何使用卷或带有 `-v` 选项的 `docker run` 命令挂载到 Docker 容器的示例都不能在 Windows 上工作。用户无法将宿主机上的本地目录挂接到运行在 Docker Toolbox 虚拟机内的 Docker 宿主机上，因为它们无法共享文件系统。如果要使用任何带有卷的示例，如本书第 5 章和第 6 章中的示例，建议用户在基于 Linux 的宿主机上运行 Docker。

2.7　Docker 安装脚本

还有另外一种方法，就是使用远程安装脚本在相应的宿主机上安装 Docker。可以从 get.docker.com 网站获取这个安装脚本。

> **注意**
>
> 该脚本目前只支持在 Ubuntu、Fedora、Debian 和 Gentoo 中安装 Docker，不久的未来可能会支持更多的系统。

首先，需要确认 `curl` 命令已经安装，如代码清单 2-41 所示。

代码清单 2-41　测试 `curl`

```
$ whereis curl
curl: /usr/bin/curl /usr/bin/X11/curl /usr/share/man/man1/curl.1.gz
```

如有需要，可以通过 `apt-get` 命令来安装 `curl`，如代码清单 2-42 所示。

代码清单 2-42   在 Ubuntu 中安装 curl

```
$ sudo apt-get -y install curl
```

在 Fedora 中，可以使用 yum 命令或者较新的 dnf 命令来安装 curl，如代码清单 2-43 所示。

代码清单 2-43   在 Fedora 中安装 curl

```
$ sudo yum -y install curl
```

现在就可以利用脚本安装 Docker 了，如代码清单 2-44 所示。

代码清单 2-44   使用安装脚本来安装 Docker

```
$ curl https://get.docker.com/ | sudo sh
```

这个脚本会自动安装 Docker 所需的依赖，并且检查当前系统的内核版本是否满足要求，以及是否支持所需的存储驱动，最后会安装 Docker 并启动 Docker 守护进程。

2.8   二进制安装

如果不想用任何基于软件包的安装方法，也可以下载最新的 Docker 可执行程序，如代码清单 2-45 所示。

代码清单 2-45   下载 Docker 可执行程序

```
$ wget http://get.docker.com/builds/Linux/x86_64/docker-latest.tgz
```

不过本人不推荐这种安装方式，因为这降低了 Docker 软件包的可维护性。使用软件包更简单，也更易于管理，特别是在使用自动化安装和配置管理工具的情况下。

2.9   Docker 守护进程

安装完 Docker 后，需要确认 Docker 的守护进程是否运行。Docker 以 root 权限运行它的守护进程，来处理普通用户无法完成的操作（如挂载文件系统）。docker 程序是 Docker 守护进程的客户端程序，同样也需要以 root 身份运行。用户可以使用 docker daemon 命令控制 Docker 守护进程。

注意

在 Docker 1.8 之前，Docker 守护进程是通过-d 标志来控制的，而没有 docker daemon 子命令。

　　当 Docker 软件包安装完毕后，默认会立即启动 Docker 守护进程。守护进程监听/var/run/docker.sock 这个 Unix 套接字文件，来获取来自客户端的 Docker 请求。如果系统中存在名为 docker 的用户组的话，Docker 则会将该套接字文件的所有者设置为该用户组。这样，docker 用户组的所有用户都可以直接运行 Docker，而无须再使用 sudo 命令了。

警告

前面已经提到，尽管 docker 用户组方便了 Docker 的使用，但它毕竟是一个安全隐患。因为 docker 用户组对 Docker 具有与 root 用户相同的权限，所以 docker 用户组中应该只能添加那些确实需要使用 Docker 的用户和程序。

2.9.1　配置 Docker 守护进程

　　运行 Docker 守护进程时，可以用-H 标志调整守护进程绑定监听接口的方式。

　　可以使用-H 标志指定不同的网络接口和端口配置。例如，要想绑定到网络接口，命令如代码清单 2-46 所示。

代码清单 2-46　修改 Docker 守护进程的网络

```
$ sudo docker daemon -H tcp://0.0.0.0:2375
```

　　这条命令会将 Docker 守护进程绑定到宿主机上的所有网络接口。Docker 客户端不会自动监测到网络的变化，需要通过-H 选项来指定服务器的地址。例如，如果把守护进程端口改成 4200，那么运行客户端时就必须指定 docker -H :4200。如果不想每次运行客户端时都加上-H 标志，可以通过设置 DOCKER_HOST 环境变量来省略此步骤，如代码清单 2-47 所示。

代码清单 2-47　使用 DOCKER_HOST 环境变量

```
$ export DOCKER_HOST="tcp://0.0.0.0:2375"
```

警告

默认情况下，Docker 的客户端-服务器通信是不经认证的。这就意味着，如果把 Docker 绑定到对外公开的网络接口上，那么任何人都可以连接到该 Docker 守护进程。Docker 0.9 及更高版本提供了 TLS 认证。在本书第 8 章介绍 Docker API 时读者会详细了解如何启用 TLS 认证。

也能通过-H 标志指定一个 Unix 套接字路径，例如，指定 unix://home/docker/docker.socket，如代码清单 2-48 所示。

代码清单 2-48   将 Docker 守护进程绑定到非默认套接字

```
$ sudo docker daemon -H unix://home/docker/docker.sock
```

当然，也可以同时指定多个绑定地址，如代码清单 2-49 所示。

代码清单 2-49   将 Docker 守护进程绑定到多个地址

```
$ sudo docker daemon -H tcp://0.0.0.0:2375 -H unix://home/docker/
  docker.sock
```

> **提示**
>
> 如果你的 Docker 运行在代理或者公司防火墙之后，也可以使用 HTTPS_PROXY、HTTP_PROXY 和 NO_PROXY 选项来控制守护进程如何连接。

还可以使用-D 标志来输出 Docker 守护进程的更详细的信息，如代码清单 2-50 所示。

代码清单 2-50   开启 Docker 守护进程的调试模式

```
$ sudo docker daemon -D
```

要想让这些改动永久生效，需要编辑启动配置项。在 Ubuntu 中，需要编辑/etc/default/docker 文件，并修改 DOCKER_OPTS 变量。

在 Fedora 和 Red Hat 发布版本中，则需要编辑/usr/lib/systemd/system/docker.service 文件，并修改其中的 ExecStart 配置项。或者在之后的版本中编辑/etc/sysconfig/docker 文件。

> **注意**
>
> 在其他平台中，可以通过适当的 init 系统来管理和更新 Docker 守护进程的启动配置。

2.9.2   检查 Docker 守护进程是否正在运行

在 Ubuntu 中，如果 Docker 是通过软件包安装的话，可以运行 Upstart 的 status 命令来检查 Docker 守护进程是否正在运行，如代码清单 2-51 所示。

代码清单 2-51   检查 Docker 守护进程的状态

```
$ sudo status docker
docker start/running, process 18147
```

此外，还可以用 Upstart 的 `start` 和 `stop` 命令来启动和停止 Docker 守护进程，如代码清单 2-52 所示。

代码清单 2-52   用 Upstart 启动和停止 Docker 守护进程

```
$ sudo stop docker
docker stop/waiting
$ sudo start docker
docker start/running, process 18192
```

在 Red Hat 和 Fedora 中，只需要用 `service` 命令就可以完成同样的工作，如代码清单 2-53 所示。

代码清单 2-53   在 Red Hat 和 Fedora 中启动和停止 Docker

```
$ sudo service docker stop
Redirecting to /bin/systemctl stop  docker.service
$ sudo service docker start
Redirecting to /bin/systemctl start  docker.service
```

如果守护进程没有运行，执行 `docker` 客户端命令时就会出现类似代码清单 2-54 所示的错误。

代码清单 2-54   Docker 守护进程没有运行的错误

```
2014/05/18 20:08:32 Cannot connect to the Docker daemon. Is 'docker -d'
  running on this host?
```

> **注意**
>
> 在 Docker 0.4.0 版本以前，docker 客户端命令有"独立模式"（stand-alone），在"独立模式"下，客户端不需要运行 Docker 守护进程就可以独立运行。不过现在这种模式已经被废弃了。

2.10   升级 Docker

Docker 安装之后，也可以很容易地对其进行升级。如果是通过类似 `apt-get` 或 `yum`

这样的原生软件包安装的 Docker，也可以用同样的方法对 Docker 进行升级。

例如，可以运行 apt-get update 命令，然后安装新版本的 Docker。我们使用 apt-get install 命令来升级 Docker，这是因为 docker-engine（即之前的 lxc-docker）包一般都是固定的，如代码清单 2-55 所示。

代码清单 2-55   升级 Docker

```
$ sudo apt-get update
$ sudo apt-get install docker-engine
```

2.11 Docker 用户界面

Docker 安装之后，也可以用图形用户界面来进行管理。目前，有一些正在开发中的 Docker 用户界面和 Web 控制台，它们都处于不同的开发阶段，具体如下。

- Shipyard[①]：Shipyard 提供了通过管理界面来管理各种 Docker 资源（包括容器、镜像、宿主机等）的功能。Shipyard 是开源的，源代码可以在 https://github.com/ehazlett/ shipyard 获得。

- DockerUI[②]：DockerUI 是一个可以与 Docker Remote API 交互的 Web 界面。DockerUI 是基于 AngularJS 框架，采用 JavaScript 编写的。

- Kitematic：Kitematic 是一个 OS X 和 Windows 下的 GUI 界面工具，用于帮助我们在本地运行 Docker 以及与 Docker Hub 进行交互。它是由 Docker 公司免费发布的产品，它也被包含在 Docker Toolbox 之中。

2.12 小结

在本章向大家介绍了在各种平台上安装 Docker 的方法，还介绍了如何管理 Docker 守护进程。

在下一章中，我们将开始正式使用 Docker。我们将从容器的基础知识开始，介绍基本的 Docker 操作。如果读者已经安装好了 Docker，并做好了准备，那么请翻到第 3 章吧。

---

① http://shipyard-project.com/
② https://github.com/crosbymichael/dockerui

第 3 章
Docker 入门

在上一章中，我们学习了如何安装 Docker，如何确保 Docker 守护进程正常运行。在本章中，我们将迈出使用 Docker 的第一步，学习第一个 Docker 容器。本章还会介绍如何与 Docker 进行交互的基本知识。

3.1 确保 Docker 已经就绪

首先，我们会查看 Docker 是否能正常工作，然后学习基本的 Docker 的工作流：创建并管理容器。我们将浏览容器的典型生命周期：从创建、管理到停止，直到最终删除。

第一步，查看 docker 程序是否存在，功能是否正常，如代码清单 3-1 所示。

代码清单 3-1　查看 docker 程序是否正常工作

```
$ sudo docker info
Containers: 1
Images: 8
Storage Driver: aufs
  Root Dir: /var/lib/docker/aufs
  Backing Filesystem: extfs
  Dirs: 10
Execution Driver: native-0.2
Kernel Version: 3.13.0-43-generic
Operating System: Ubuntu 14.04.2 LTS
CPUs: 1
Total Memory: 994 MiB
Name: riemanna
ID: DOIT:XN5S:WNYP:WP7Q:BEUP:EBBL:KGIX:GO3V:NDR7:YW6E:VFXT:FXHM
WARNING: No swap limit support
```

在这里我们调用了 docker 可执行程序的 info 命令,该命令会返回所有容器和镜像(镜像即是 Docker 用来构建容器的"构建块")的数量、Docker 使用的执行驱动和存储驱动(execution and storage driver),以及 Docker 的基本配置。

在前面几章已经介绍过,Docker 是基于客户端-服务器构架的。它有一个 docker 程序,既能作为客户端,也可以作为服务器端。作为客户端时,docker 程序向 Docker 守护进程发送请求(如请求返回守护进程自身的信息),然后再对返回的请求结果进行处理。

3.2 运行我们的第一个容器

现在,让我们尝试启动第一个 Docker 容器。我们可以使用 docker run 命令创建容器,如代码清单 3-2 所示。docker run 命令提供了 Docker 容器的创建到启动的功能,在本书中我们也会使用该命令来创建新容器。

代码清单 3-2 运行我们的第一个容器

```
$ sudo docker run -i -t ubuntu /bin/bash
Unable to find image 'ubuntu' locally
ubuntu:latest: The image you are pulling has been verified
511136ea3c5a: Pull complete
d497ad3926c8: Pull complete
ccb62158e970: Pull complete
e791be0477f2: Pull complete
3680052c0f5c: Pull complete
22093c35d77b: Pull complete
5506de2b643b: Pull complete
Status: Downloaded newer image for ubuntu:latest
root@fcd78e1a3569:/#
```

提示

官方文档[①]列出了完整的 Docker 命令列表,也可以使用 docker help 获取这些命令。此外,还可以使用 Docker 的 man 页(即执行 man docker-run)。

代码清单 3-3 所示的命令的输出结果非常丰富,下面来逐条解析。

---

① http://docs.docker.com/reference/commandline/cli/

代码清单 3-3　docker run 命令

```
$ sudo docker run -i -t ubuntu /bin/bash
```

首先，我们告诉 Docker 执行 docker run 命令，并指定了-i 和-t 两个命令行参数。-i 标志保证容器中 STDIN 是开启的，尽管我们并没有附着到容器中。持久的标准输入是交互式 shell 的"半边天"，-t 标志则是另外"半边天"，它告诉 Docker 为要创建的容器分配一个伪 tty 终端。这样，新创建的容器才能提供一个交互式 shell。若要在命令行下创建一个我们能与之进行交互的容器，而不是一个运行后台服务的容器，则这两个参数已经是最基本的参数了。

> **提示**
>
> 官方文档[①]上列出了 docker run 命令的所有标志，此外还可以用命令 docker help run 查看这些标志。或者，也可以用 Docker 的 man 页（也就是执行 man docker-run 命令）。

接下来，我们告诉 Docker 基于什么镜像来创建容器，示例中使用的是 ubuntu 镜像。ubuntu 镜像是一个常备镜像，也可以称为"基础"（base）镜像，它由 Docker 公司提供，保存在 Docker Hub[②]Registry 上。可以以 ubuntu 基础镜像（以及类似的 fedora、debian、centos 等镜像）为基础，在选择的操作系统上构建自己的镜像。到目前为止，我们基于此基础镜像启动了一个容器，并且没有对容器增加任何东西。

> **提示**
>
> 我们将在第 4 章对镜像做更详细的介绍，包括如何构建我们自己的镜像。

那么，在这一切的背后又都发生了什么呢？首先 Docker 会检查本地是否存在 ubuntu 镜像，如果本地还没有该镜像的话，那么 Docker 就会连接官方维护的 Docker Hub Registry，查看 Docker Hub 中是否有该镜像。Docker 一旦找到该镜像，就会下载该镜像并将其保存到本地宿主机中。

随后，Docker 在文件系统内部用这个镜像创建了一个新容器。该容器拥有自己的网络、IP 地址，以及一个用来和宿主机进行通信的桥接网络接口。最后，我们告诉 Docker 在新容器中要运行什么命令，在本例中我们在容器中运行/bin/bash 命令启动了一个 Bash shell。

---

① http://docs.docker.com/reference/commandline/cli/#run
② http://hub.docker.com/

当容器创建完毕之后，Docker 就会执行容器中的/bin/bash 命令，这时就可以看到容器内的 shell 了，就像代码清单 3-4 所示。

代码清单 3-4 第一个容器的 shell

```
root@f7cbdac22a02:/#
```

3.3 使用第一个容器

现在，我们已经以 root 用户登录到了新容器中，容器的 ID f7cbdac22a02，乍看起来有些令人迷惑的字符串。这是一个完整的 Ubuntu 系统，可以用它来做任何事情。下面就来研究一下这个容器。首先，我们可以获取该容器的主机名，如代码清单 3-5 所示。

代码清单 3-5 检查容器的主机名

```
root@f7cbdac22a02:/# hostname
f7cbdac22a02
```

可以看到，容器的主机名就是该容器的 ID。再来看看/etc/hosts 文件，如代码清单 3-6 所示。

代码清单 3-6 检查容器的/etc/hosts 文件

```
root@f7cbdac22a02:/# cat /etc/hosts
172.17.0.4 f7cbdac22a02
127.0.0.1 localhost
::1 localhost ip6-localhost ip6-loopback
fe00::0 ip6-localnet
ff00::0 ip6-mcastprefix
ff02::1 ip6-allnodes
ff02::2 ip6-allrouters
```

Docker 已在 hosts 文件中为该容器的 IP 地址添加了一条主机配置项。再来看看容器的网络配置情况，如代码清单 3-7 所示。

代码清单 3-7 检查容器的接口

```
root@f7cbdac22a02:/# ip a
1: lo: <LOOPBACK,UP,LOWER_UP> mtu 1500 qdisc noqueue state
```

```
  UNKNOWN group default
link/loopback 00:00:00:00:00:00 brd 00:00:00:00:00:00
inet 127.0.0.1/8 scope host lo
inet6 ::1/128 scope host
valid_lft forever preferred_lft forever
899: eth0: <BROADCAST,UP,LOWER_UP> mtu 1500 qdisc pfifo_fast
  state UP group default qlen 1000
link/ether 16:50:3a:b6:f2:cc brd ff:ff:ff:ff:ff:ff
inet 172.17.0.4/16 scope global eth0
inet6 fe80::1450:3aff:feb6:f2cc/64 scope link
valid_lft forever preferred_lft forever
```

可以看到，这里有 lo 的环回接口，还有 IP 为 172.17.0.4 的标准 eth0 网络接口，和普通宿主机是完全一样的。我们还可以查看容器中运行的进程，如代码清单 3-8 所示。

代码清单 3-8　检查容器的进程

```
root@f7cbdac22a02:/# ps -aux
USER PID %CPU %MEM    VSZ  RSS TTY        STAT START TIME COMMAND
root   1 0.0  0.0  18156 1936 ?          Ss   May30 0:00 /bin/bash
root  21 0.0  0.0  15568 1100 ?          R+   02:38 0:00 ps -aux
```

接下来要干些什么呢？安装一个软件包怎么样？如代码清单 3-9 所示。

代码清单 3-9　在第一个容器中安装软件包

```
root@f7cbdac22a02:/# apt-get update && apt-get install vim
```

通过上述命令，就在容器中安装了 Vim 软件。

用户可以继续在容器中做任何自己想做的事情。当所有工作都结束时，输入 exit，就可以返回到 Ubuntu 宿主机的命令行提示符了。

这个容器现在怎样了？容器现在已经停止运行了！只有在指定的/bin/bash 命令处于运行状态的时候，我们的容器也才会相应地处于运行状态。一旦退出容器，/bin/bash 命令也就结束了，这时容器也随之停止了运行。

但容器仍然是存在的，可以用 docker ps -a 命令查看当前系统中容器的列表，如代码清单 3-10 所示。

代码清单 3-10   列出 Docker 容器

```
CONTAINER ID IMAGE          COMMAND      CREATED    STATUS PORTS NAMES
1cd57c2cdf7f ubuntu:14.04 "/bin/bash" A minute Exited
  gray_cat
```

默认情况下,当执行 docker ps 命令时,只能看到正在运行的容器。如果指定-a 标志的话,那么 docker ps 命令会列出所有容器,包括正在运行的和已经停止的。

> **提示**
>
> 也可以为 docker ps 命令指定-l 标志,列出最后一个运行的容器,无论其正在运行还是已经停止。也可以通过--format 标志,进一步控制显示哪些信息,以及如何显示这些信息。

从该命令的输出结果中我们可以看到关于这个容器的很多有用信息:ID、用于创建该容器的镜像、容器最后执行的命令、创建时间以及容器的退出状态(在上面的例子中,退出状态是 0,因为容器是通过正常的 exit 命令退出的)。我们还可以看到,每个容器都有一个名称。

> **注意**
>
> 有 3 种方式可以唯一指代容器:短 UUID(如 f7cbdac22a02)、长 UUID(如 f7cbdac 22a02e03c9438c729345e54db9d20cfa2ac1fc3494b6eb60872e74778)或者名称(如 gray_cat)。

3.4   容器命名

Docker 会为我们创建的每一个容器自动生成一个随机的名称。例如,上面我们刚刚创建的容器就被命名为 gray_cat。如果想为容器指定一个名称,而不是使用自动生成的名称,则可以用--name 标志来实现,如代码清单 3-11 所示。

代码清单 3-11   给容器命名

```
$ sudo docker run --name bob_the_container -i -t ubuntu /bin/bash
root@aa3f365f0f4e:/# exit
```

上述命令将会创建一个名为 bob_the_container 的容器。一个合法的容器名称只能包含以下字符:小写字母 a~z、大写字母 A~Z、数字 0~9、下划线、圆点、横线(如果用正则表达式来表示这些符号，就是[a-zA-Z0-9_.-]）。

在很多 Docker 命令中，都可以用容器的名称来替代容器 ID，后面我们将会看到。容器名称有助于分辨容器，当构建容器和应用程序之间的逻辑连接时，容器的名称也有助于从逻辑上理解连接关系。具体的名称（如 web、db）比容器 ID 和随机容器名好记多了。我推荐大家都使用容器名称，以更加方便地管理容器。

> **注意**
>
> 我们将会在第 5 章详细介绍如何连接到 Docker 容器。

容器的命名必须是唯一的。如果试图创建两个名称相同的容器，则命令将会失败。如果要使用的容器名称已经存在，可以先用 docker rm 命令删除已有的同名容器后，再来创建新的容器。

3.5　重新启动已经停止的容器

bob_the_container 容器已经停止了，接下来我们能对它做些什么呢？如果愿意，我们可以用下面的命令重新启动一个已经停止的容器，如代码清单 3-12 所示。

代码清单 3-12　启动已经停止运行的容器

```
$ sudo docker start bob_the_container
```

除了容器名称，也可以用容器 ID 来指定容器，如代码清单 3-13 所示。

代码清单 3-13　通过 ID 启动已经停止运行的容器

```
$ sudo docker start aa3f365f0f4e
```

> **提示**
>
> 也可以使用 docker restart 命令来重新启动一个容器。

这时运行不带-a 标志的 docker ps 命令，就应该看到我们的容器已经开始运行了。

> **注意**
>
> 类似地，Docker 也提供了 docker create 命令来创建一个容器，但是并不运行它。这让我们可以在自己的容器工作流中对其进行细粒度的控制。

3.6　附着到容器上

Docker 容器重新启动的时候，会沿用 `docker run` 命令时指定的参数来运行，因此我们的容器重新启动后会运行一个交互式会话 shell。此外，也可以用 `docker attach` 命令，重新附着到该容器的会话上，如代码清单 3-14 所示。

代码清单 3-14　附着到正在运行的容器

```
$ sudo docker attach bob_the_container
```

也可以使用容器 ID，重新附着到容器的会话上，如代码清单 3-15 所示。

代码清单 3-15　通过 ID 附着到正在运行的容器

```
$ sudo docker attach aa3f365f0f4e
```

现在，又重新回到了容器的 Bash 提示符，如代码清单 3-16 所示。

代码清单 3-16　重新附着到容器的会话

```
root@aa3f365f0f4e:/#
```

提示

可能需要按下回车键才能进入该会话。

如果退出容器的 shell，容器会再次停止运行。

3.7　创建守护式容器

除了这些交互式运行的容器（interactive container），也可以创建长期运行的容器。守护式容器（daemonized container）没有交互式会话，非常适合运行应用程序和服务。大多数时候我们都需要以守护式来运行我们的容器。下面就来启动一个守护式容器，如代码清单 3-17 所示。

代码清单 3-17　创建长期运行的容器

```
$ sudo docker run --name daemon_dave -d ubuntu /bin/sh -c "while
  true; do echo hello world; sleep 1; done"
1333bb1a66af402138485fe44a335b382c09a887aa9f95cb9725e309ce5b7db3
```

我们在上面的 docker run 命令使用了-d 参数，因此 Docker 会将容器放到后台运行。

我们还在容器要运行的命令里使用了一个 while 循环，该循环会一直打印 hello world，直到容器或其进程停止运行。

通过组合使用上面的这些参数，你会发现 docker run 命令并没有像上一个容器一样将主机的控制台附着到新的 shell 会话上，而是仅仅返回了一个容器 ID 而已，我们还是在主机的命令行之中。如果执行 docker ps 命令，可以看到一个正在运行的容器，如代码清单 3-18 所示。

代码清单 3-18　查看正在运行的 daemon_dave 容器

```
CONTAINER ID IMAGE          COMMAND           CREATED
  STATUS PORTS NAMES
1333bb1a66af ubuntu:14.04 /bin/sh -c 'while tr 32 secs ago Up 27
        daemon_dave
```

3.8　容器内部都在干些什么

现在我们已经有了一个在后台运行 while 循环的守护式容器。为了探究该容器内部都在干些什么，可以用 docker logs 命令来获取容器的日志，如代码清单 3-19 所示。

代码清单 3-19　获取守护式容器的日志

```
$ sudo docker logs daemon_dave
hello world
hello world
hello world
hello world
hello world
hello world
hello world
. . .
```

这里，我们可以看到 while 循环正在向日志里打印 hello world。Docker 会输出最后几条日志项并返回。我们也可以在命令后使用-f 参数来监控 Docker 的日志，这与 tail -f 命令非常相似，如代码清单 3-20 所示。

代码清单 3-20　跟踪守护式容器的日志

```
$ sudo docker logs -f daemon_dave
hello world
hello world
hello world
hello world
hello world
hello world
hello world
. . .
```

提示

可以通过 Ctrl+C 退出日志跟踪。

我们也可以跟踪容器日志的某一片段，和之前类似，只需要在 tail 命令后加入 -f --tail 标志即可。例如，可以用 docker logs --tail 10 daemon_dave 获取日志的最后 10 行内容。另外，也可以用 docker logs --tail 0 -f daemon_dave 命令来跟踪某个容器的最新日志而不必读取整个日志文件。

为了让调试更简单，还可以使用 -t 标志为每条日志项加上时间戳，如代码清单 3-21 所示。

代码清单 3-21　跟踪守护式容器的最新日志

```
$ sudo docker logs -ft daemon_dave
[May 10 13:06:17.934] hello world
[May 10 13:06:18.935] hello world
[May 10 13:06:19.937] hello world
[May 10 13:06:20.939] hello world
[May 10 13:06:21.942] hello world
. . .
```

提示

同样，可以通过 Ctrl+C 退出日志跟踪。

3.9　Docker 日志驱动

自 Docker 1.6 开始，也可以控制 Docker 守护进程和容器所用的日志驱动，这可以通过

--log-driver 选项来实现。可以在启动 Docker 守护进程或者执行 docker run 命令时使用这个选项。

有好几个选项，包括默认的 json-file，json-file 也为我们前面看到的 docker logs 命令提供了基础。

其他可用的选项还包括 syslog，该选项将禁用 docker logs 命令，并且将所有容器的日志输出都重定向到 Syslog。可以在启动 Docker 守护进程时指定该选项，将所有容器的日志都输出到 Syslog，或者通过 docker run 对个别的容器进行日志重定向输出。

代码清单 3-22　在容器级别启动 Syslog

```
$ sudo docker run --log-driver="syslog" --name daemon_dwayne -d
  ubuntu /bin/sh -c "while true; do echo hello world; sleep 1;
  done"
. . .
```

> **提示**
>
> 如果是在 Docker Toolbox 中运行 Docker，应该在虚拟机中启动 Syslog 守护进程。可以先通过 docker-machine ssh 命令连接到 Docker Toolbox 虚拟机，再在其中运行 syslogd 命令来启动 Syslog 守护进程。

上面的命令会将 daemon_dwayne 容器的日志都输出到 Syslog，导致 docker logs 命令不输出任何东西。

最后，还有一个可用的选项是 none，这个选项将会禁用所有容器中的日志，导致 docker logs 命令也被禁用。

> **提示**
>
> 新的日志驱动也在不断地增加，在 Docker 1.8 中，新增了对 Graylog GELF 协议、Fluentd 以及日志轮转驱动的支持。

3.10　查看容器内的进程

除了容器的日志，也可以查看容器内部运行的进程。要做到这一点，要使用 docker top 命令，如代码清单 3-23 所示。

代码清单 3-23　查看守护式容器的进程

```
$ sudo docker top daemon_dave
```

该命令执行后，可以看到容器内的所有进程（主要还是我们的 while 循环）、运行进程的用户及进程 ID，如代码清单 3-24 所示。

代码清单 3-24　docker top 命令的输出结果

```
PID USER COMMAND
977 root /bin/sh -c while true; do echo hello world; sleep 1;
  done
1123 root sleep 1
```

3.11　Docker 统计信息

除了 docker top 命令，还可以使用 docker stats 命令，它用来显示一个或多个容器的统计信息。让我们来看看它的输出是什么样的。下面我们来查看一下容器 daemon_dave 以及其他守护式容器的统计信息。

代码清单 3-25　docker stats 命令

```
$ sudo docker stats daemon_dave daemon_kate daemon_clare daemon_sarah
CONTAINER      CPU %  MEM USAGE/LIMIT  MEM %  NET I/O        BLOCK I/O
daemon_clare 0.10%  220 KiB/994 MiB  0.02%  1.898 KiB/648 B 12.75 MB / 0 B
daemon_dave  0.14%  212 KiB/994 MiB  0.02%  5.062 KiB/648 B 1.69  MB / 0 B
daemon_kate  0.11%  216 KiB/994 MiB  0.02%  1.402 KiB/648 B 24.43 MB / 0 B
daemon_sarah 0.12%  208 KiB/994 MiB  0.02%  718 B/648 B     11.12 MB / 0 B
```

我们能看到一个守护式容器的列表，以及它们的 CPU、内存、网络 I/O 及存储 I/O 的性能和指标。这对快速监控一台主机上的一组容器非常有用。

注意

docker stats 是 Docker 1.5.0 中引入的命令。

3.12　在容器内部运行进程

在 Docker 1.3 之后，也可以通过 docker exec 命令在容器内部额外启动新进程。可以在容器内运行的进程有两种类型：后台任务和交互式任务。后台任务在容器内运行且没有交互需求，而交互式任务则保持在前台运行。对于需要在容器内部打开 shell 的任务，交互式任务是很实用的。下面先来看一个后台任务的例子，如代码清单 3-26 所示。

代码清单 3-26　在容器中运行后台任务

```
$ sudo docker exec -d daemon_dave touch /etc/new_config_file
```

这里的-d 标志表明需要运行一个后台进程，-d 标志之后，指定的是要在内部执行这个命令的容器的名字以及要执行的命令。上面例子中的命令会在 daemon_dave 容器内创建了一个空文件，文件名为/etc/new_config_file。通过 docker exec 后台命令，可以在正在运行的容器中进行维护、监控及管理任务。

> **提示**
>
> 从 Docker 1.7 开始，可以对 docker exec 启动的进程使用-u 标志为新启动的进程指定一个用户属主。

我们也可以在 daemon_dave 容器中启动一个诸如打开 shell 的交互式任务，如代码清单 3-27 所示。

代码清单 3-27　在容器内运行交互命令

```
$ sudo docker exec -t -i daemon_dave /bin/bash
```

和运行交互容器时一样，这里的-t 和-i 标志为我们执行的进程创建了 TTY 并捕捉 STDIN。接着我们指定了要在内部执行这个命令的容器的名字以及要执行的命令。在上面的例子中，这条命令会在 daemon_dave 容器内创建一个新的 bash 会话，有了这个会话，我们就可以在该容器中运行其他命令了。

> **注意**
>
> docker exec 命令是 Docker 1.3 引入的，早期版本并不支持该命令。对于早期 Docker 版本，请参考第 6 章中介绍的 nsenter 命令。

3.13　停止守护式容器

要停止守护式容器，只需要执行 docker stop 命令，如代码清单 3-28 所示。

代码清单 3-28　停止正在运行的 Docker 容器

```
$ sudo docker stop daemon_dave
```

当然，也可以用容器 ID 来指代容器名称，如代码清单 3-29 所示。

代码清单 3-29　通过容器 ID 停止正在运行的容器

```
$ sudo docker stop c2c4e57c12c4
```

> **注意**
>
> docker stop 命令会向 Docker 容器进程发送 SIGTERM 信号。如果想快速停止某个容器，也可以使用 docker kill 命令来向容器进程发送 SIGKILL 信号。

要想查看已经停止的容器的状态，则可以使用 docker ps 命令。还有一个很实用的命令 docker ps -n x，该命令会显示最后 x 个容器，不论这些容器正在运行还是已经停止。

3.14　自动重启容器

如果由于某种错误而导致容器停止运行，还可以通过--restart 标志，让 Docker 自动重新启动该容器。--restart 标志会检查容器的退出代码，并据此来决定是否要重启容器。默认的行为是 Docker 不会重启容器。

代码清单 3-30 是一个在 docker run 命令中使用--restart 标志的例子。

代码清单 3-30　自动重启容器

```
$ sudo docker run --restart=always --name daemon_dave -d ubuntu /
  bin/sh -c "while true; do echo hello world; sleep 1; done"
```

在本例中，--restart 标志被设置为 always。无论容器的退出代码是什么，Docker 都会自动重启该容器。除了 always，还可以将这个标志设为 on-failure，这样，只有当容器的退出代码为非 0 值的时候，才会自动重启。另外，on-failure 还接受一个可选的重启次数参数，如代码清单 3-31 所示。

代码清单 3-31　为 on-failure 指定 count 参数

```
--restart=on-failure:5
```

这样，当容器退出代码为非 0 时，Docker 会尝试自动重启该容器，最多重启 5 次。

注意

--restart 标志是 Docker1.2.0 引入的选项。

3.15 深入容器

除了通过 docker ps 命令获取容器的信息，还可以使用 docker inspect 来获得更多的容器信息，如代码清单 3-32 所示。

代码清单 3-32　查看容器

```
$ sudo docker inspect daemon_dave
[{
    "ID": "
       c2c4e57c12c4c142271c031333823af95d64b20b5d607970c334784430bcbd0f
       ",
    "Created": "2014-05-10T11:49:01.902029966Z",
    "Path": "/bin/sh",
    "Args": [
    "-c",
    "while true; do echo hello world; sleep 1; done"
    ],
    "Config": {
       "Hostname": "c2c4e57c12c4",
. . .
```

docker inspect 命令会对容器进行详细的检查，然后返回其配置信息，包括名称、命令、网络配置以及很多有用的数据。

也可以用-f 或者--format 标志来选定查看结果，如代码清单 3-33 所示。

代码清单 3-33　有选择地获取容器信息

```
$ sudo docker inspect --format='{{ .State.Running }}' daemon_dave
false
```

上面这条命令会返回容器的运行状态，示例中该状态为 false。我们还能获取其他有用的信息，如容器 IP 地址，如代码清单 3-34 所示。

代码清单 3-34   查看容器的 IP 地址

```
$ sudo docker inspect --format '{{ .NetworkSettings.IPAddress }}'
   daemon_dave
172.17.0.2
```

提示

--format 或者-f 标志远非表面看上去那么简单。该标志实际上支持完整的 Go 语言模板。用它进行查询时，可以充分利用 Go 语言模板的优势[①]。

也可以同时指定多个容器，并显示每个容器的输出结果，如代码清单 3-35 所示。

代码清单 3-35   查看多个容器

```
$ sudo docker inspect --format '{{.Name}} {{.State.Running}}' \
daemon_dave bob_the_container
/daemon_dave false
/bob_the_container false
```

可以为该参数指定要查询和返回的查看散列（inspect hash）中的任意部分。

注意

除了查看容器，还可以通过浏览/var/lib/docker 目录来深入了解 Docker 的工作原理。该目录存放着 Docker 镜像、容器以及容器的配置。所有的容器都保存在/var/lib/docker/containers 目录下。

3.16   删除容器

如果容器已经不再使用，可以使用 docker rm 命令来删除它们，如代码清单 3-36 所示。

代码清单 3-36   删除容器

```
$ sudo docker rm 80430f8d0921
80430f8d0921
```

---

① http://golang.org/pkg/text/template/

注意

从 Docker 1.6.2 开始，可以通过给 docker rm 命令传递-f 标志来删除运行中的 Docker
容器。这之前的版本必须先使用 docker stop 或 docker kill 命令停止容器，才能
将其删除。

目前，还没有办法一次删除所有容器，不过可以通过代码清单 3-37 所示的小技巧来删
除全部容器。

代码清单 3-37　删除所有容器

```
$ sudo docker rm `sudo docker ps -a -q`
```

上面的 docker ps 命令会列出现有的全部容器，-a 标志代表列出所有容器，而-q 标
志则表示只需要返回容器的 ID 而不会返回容器的其他信息。这样我们就得到了容器 ID 的列
表，并传给了 docker rm 命令，从而达到删除所有容器的目的。

3.17　小结

本章中介绍了 Docker 容器的基本工作原理。这里学到的内容也是本书剩余章节中学习
如何使用 Docker 的基础。

在下一章中将会探讨如何构建自己的 Docker 镜像，以及如何使用 Docker 仓库和 Docker
Registry。

第 4 章

使用 Docker 镜像和仓库

在第 2 章中，我们学习了如何安装 Docker。接着在第 3 章，我们又学习了包括 docker run 在内的很多用于管理 Docker 容器的命令。

再来看一下 docker run 命令，如代码清单 4-1 所示。

代码清单 4-1　回顾一下如何创建一个最基本的 Docker 容器

```
$ sudo docker run -i -t --name another _container_mum ubuntu\
/bin/bash
root@b415b317ac75:/#
```

这条命令将会启动一个新的名为 another_container_mum 的容器，这个容器基于 ubuntu 镜像并且会启动 Bash shell。

在本章中，我们将主要探讨 Docker 镜像：用来启动容器的构建基石。我们将会学习很多关于 Docker 镜像的知识，比如，什么是镜像，如何对镜像进行管理，如何修改镜像，以及如何创建、存储和共享自己创建的镜像。我们还会介绍用来存储镜像的仓库和用来存储仓库的 Registry。

4.1　什么是 Docker 镜像

让我们通过进一步学习 Docker 镜像来继续我们的 Docker 之旅。Docker 镜像是由文件系统叠加而成。最底端是一个引导文件系统，即 bootfs，这很像典型的 Linux/Unix 的引导文件系统。Docker 用户几乎永远不会和引导文件系统有什么交互。实际上，当一个容器启动后，它将会被移到内存中，而引导文件系统则会被卸载（unmount），以留出更多的内存供 initrd 磁盘镜像使用。

到目前为止，Docker 看起来还很像一个典型的 Linux 虚拟化栈。实际上，Docker 镜像的第二层是 root 文件系统 rootfs，它位于引导文件系统之上。rootfs 可以是一种或多种操作系统（如 Debian 或者 Ubuntu 文件系统）。

在传统的 Linux 引导过程中，root 文件系统会最先以只读的方式加载，当引导结束并完成了完整性检查之后，它才会被切换为读写模式。但是在 Docker 里，root 文件系统永远只能是只读状态，并且 Docker 利用联合加载[1]（union mount）技术又会在 root 文件系统层上加载更多的只读文件系统。联合加载指的是一次同时加载多个文件系统，但是在外面看起来只能看到一个文件系统。联合加载会将各层文件系统叠加到一起，这样最终的文件系统会包含所有底层的文件和目录。

Docker 将这样的文件系统称为镜像。一个镜像可以放到另一个镜像的顶部。位于下面的镜像称为父镜像（parent image），可以依次类推，直到镜像栈的最底部，最底部的镜像称为基础镜像（base image）。最后，当从一个镜像启动容器时，Docker 会在该镜像的最顶层加载一个读写文件系统。我们想在 Docker 中运行的程序就是在这个读写层中执行的。

这听上去有点儿令人迷惑，我们最好还是用一张图来表示一下，如图 4-1 所示。

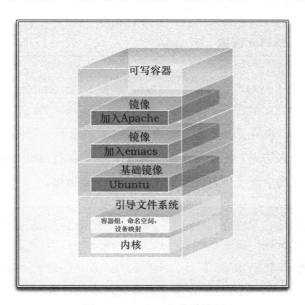

图 4-1　Docker 文件系统层

---

[1] http://en.wikipedia.org/wiki/Union_mount

当 Docker 第一次启动一个容器时，初始的读写层是空的。当文件系统发生变化时，这些变化都会应用到这一层上。比如，如果想修改一个文件，这个文件首先会从该读写层下面的只读层复制到该读写层。该文件的只读版本依然存在，但是已经被读写层中的该文件副本所隐藏。

通常这种机制被称为写时复制（copy on write），这也是使 Docker 如此强大的技术之一。每个只读镜像层都是只读的，并且以后永远不会变化。当创建一个新容器时，Docker 会构建出一个镜像栈，并在栈的最顶端添加一个读写层。这个读写层再加上其下面的镜像层以及一些配置数据，就构成了一个容器。在上一章我们已经知道，容器是可以修改的，它们都有自己的状态，并且是可以启动和停止的。容器的这种特点加上镜像分层框架（image-layering framework），使我们可以快速构建镜像并运行包含我们自己的应用程序和服务的容器。

4.2　列出镜像

我们先从如何列出 Docker 主机上可用的镜像来开始 Docker 镜像之旅。可以使用 docker images 命令来实现，如代码清单 4-2 所示。

代码清单 4-2　列出 Docker 镜像

```
$ sudo docker images
REPOSITORY TAG        IMAGE ID      CREATED      VIRTUAL SIZE
ubuntu     latest     c4ff7513909d  6 days  ago 225.4 MB
```

可以看到，我们已经获得了一个镜像列表，它们都来源于一个名为 ubuntu 的仓库。那么，这些镜像是从何而来的呢？还记得在第 3 章中，我们执行 docker run 命令时，同时进行了镜像下载吗？在那个例子中，使用的就是 ubuntu 镜像。

> **注意**
>
> 本地镜像都保存在 Docker 宿主机的 /var/lib/docker 目录下。每个镜像都保存在 Docker 所采用的存储驱动目录下面，如 aufs 或者 devicemapper。也可以在 /var/lib/docker/containers 目录下面看到所有的容器。

镜像从仓库下载下来。镜像保存在仓库中，而仓库存在于 Registry 中。默认的 Registry 是由 Docker 公司运营的公共 Registry 服务，即 Docker Hub，如图 4-2 所示。

> **提示**
>
> Docker Registry 的代码是开源的，也可以运行自己的私有 Registry，本章的后面会讲到相关内容。同时，Docker 公司也提供了一个商业版的 Docker Hub，即 Docker Trusted Registry，这是一个可以运行在公司防火墙内部的产品，之前被称为 Docker Enterprise Hub。

图 4-2　Docker Hub

在 Docker Hub（或者用户自己运营的 Registry）中，镜像是保存在仓库中的。可以将镜像仓库想象为类似 Git 仓库的东西。它包括镜像、层以及关于镜像的元数据（metadata）。

每个镜像仓库都可以存放很多镜像（比如，ubuntu 仓库包含了 Ubuntu 12.04、12.10、13.04、13.10 和 14.04 的镜像）。让我们看一下 ubuntu 仓库的另一个镜像，如代码清单 4-3 所示。

代码清单 4-3　拉取 Ubuntu 镜像

```
$ sudo docker pull ubuntu:12.04
Pulling repository ubuntu
```

```
463ff6be4238: Download complete
511136ea3c5a: Download complete
3af9d794ad07: Download complete
. . .
```

这里使用了 `docker pull` 命令来拉取 ubuntu 仓库中的 Ubuntu 12.04 镜像。

再来看看 `docker images` 命令现在会显示什么结果，如代码清单 4-4 所示。

代码清单 4-4 列出所有 ubuntu Docker 镜像

```
$ sudo docker images
REPOSITORY   TAG      IMAGE ID     CREATED       VIRTUAL SIZE
ubuntu       latest   5506de2b643b 3 weeks ago   199.3 MB
ubuntu       12.04    0b310e6bf058 5 months ago  127.9 MB
ubuntu       precise  0b310e6bf058 5 months ago  127.9 MB
```

可以看到，我们已经得到了 Ubuntu 的 `latest` 镜像和 `12.04` 镜像。这表明 ubuntu 镜像实际上是聚集在一个仓库下的一系列镜像。

> **注意**
>
> 我们虽然称其为 Ubuntu 操作系统，但实际上它并不是一个完整的操作系统。它只是一个裁剪版，只包含最低限度的支持系统运行的组件。

为了区分同一个仓库中的不同镜像，Docker 提供了一种称为标签（tag）的功能。每个镜像在列出来时都带有一个标签，如 `12.04`、`12.10`、`quantal` 或者 `precise` 等。每个标签对组成特定镜像的一些镜像层进行标记（比如，标签 `12.04` 就是对所有 Ubuntu 12.04 镜像的层的标记）。这种机制使得在同一个仓库中可以存储多个镜像。

我们可以通过在仓库名后面加上一个冒号和标签名来指定该仓库中的某一镜像，如代码清单 4-5 所示。

代码清单 4-5 运行一个带标签的 Docker 镜像

```
$ sudo docker run -t -i --name new_container ubuntu:12.04 /bin/bash
root@79e36bff89b4:/#
```

这个例子会从镜像 `ubuntu:12.04` 启动一个容器，而这个镜像的操作系统则是 Ubuntu 12.04。

我们还能看到，在我们的 `docker images` 输出中新的 `12.04` 镜像以相同的镜像 ID

出现了两次，这是因为一个镜像可以有多个标签。这使我们可以方便地对镜像进行打标签并且很容易查找镜像。在这个例子中，ID `0b310e6bf058` 的镜像实际上被打上了 `12.04` 和 `precise` 两个标签，分别代表该 Ubuntu 发布版的版本号和代号。

在构建容器时指定仓库的标签也是一个很好的习惯。这样便可以准确地指定容器来源于哪里。不同标签的镜像会有不同，比如 Ubuntu 12.04 和 14.04 就不一样，指定镜像的标签会让我们确切知道自己使用的是 `ubuntu:12.04`，这样我们就能准确知道自己在干什么。

Docker Hub 中有两种类型的仓库：用户仓库（user repository）和顶层仓库（top-level repository）。用户仓库的镜像都是由 Docker 用户创建的，而顶层仓库则是由 Docker 内部的人来管理的。

用户仓库的命名由用户名和仓库名两部分组成，如 `jamtur01/puppet`。

- 用户名：`jamtur01`。
- 仓库名：`puppet`。

与之相对，顶层仓库只包含仓库名部分，如 `ubuntu` 仓库。顶层仓库由 Docker 公司和由选定的能提供优质基础镜像的厂商（如 Fedora 团队提供了 `fedora` 镜像）管理，用户可以基于这些基础镜像构建自己的镜像。同时顶层仓库也代表了各厂商和 Docker 公司的一种承诺，即顶层仓库中的镜像是架构良好、安全且最新的。

在 Docker 1.8 中，还增加了对镜像内容安全性进行管理的功能，即镜像签名。不过目前这只是一个可选特性，可以从 Docker 博客（https://blog.docker.com/2015/08/content-trust-docker-1-8/）获得更多相关信息。

> **警告**
>
> 用户贡献的镜像都是由 Docker 社区用户提供的，这些镜像并没有经过 Docker 公司的确认和验证，在使用这些镜像时需要自己承担相应的风险。

4.3 拉取镜像

用 `docker run` 命令从镜像启动一个容器时，如果该镜像不在本地，Docker 会先从 Docker Hub 下载该镜像。如果没有指定具体的镜像标签，那么 Docker 会自动下载 `latest`

标签的镜像。例如，如果本地宿主机上还没有 ubuntu:latest 镜像，代码清单 4-6 所示代码将下载该镜像。

代码清单 4-6   `docker run` 和默认的 `latest` 标签

```
$ sudo docker run -t -i --name next_container ubuntu /bin/bash
root@23a42cee91c3:/#
```

其实也可以通过 docker pull 命令先发制人地将该镜像拉取到本地。使用 docker pull 命令可以节省从一个新镜像启动一个容器所需的时间。下面就来看看如何拉取一个 fedora:20 基础镜像，如代码清单 4-7 所示。

代码清单 4-7   拉取 `fedora` 镜像

```
$ sudo docker pull fedora:20
fedora:latest: The image you are pulling has been verified
782cf93a8f16: Pull complete
7d3f07f8de5f: Pull complete
511136ea3c5a: Already exists
Status: Downloaded newer image for fedora:20
```

可以使用 docker images 命令看到这个新镜像已经下载到本地 Docker 宿主机上了。不过这次我们希望能在镜像列表中只看到 fedora 镜像的内容。这可以通过在 docker images 命令后面指定镜像名来实现，如代码清单 4-8 所示。

代码清单 4-8   查看 `fedora` 镜像

```
$ sudo docker images fedora
REPOSITORY TAG IMAGE ID     CREATED     VIRTUAL SIZE
fedora      20 7d3f07f8de5f 6 weeks ago 374.1 MB
```

可以看到，fedora:20 镜像已经被下载，也可以使用 docker pull 命令下载另一个带标签的镜像，如代码清单 4-9 所示。

代码清单 4-9   拉取带标签的 `fedora` 镜像

```
$ sudo docker pull fedora:21
```

该命令只会拉取 fedora:21 镜像。

4.4 查找镜像

我们也可以通过 `docker search` 命令来查找所有 Docker Hub 上公共的可用镜像，如代码清单 4-10 所示。

代码清单 4-10 查找镜像

```
$ sudo docker search puppet
NAME                       DESCRIPTION STARS OFFICIAL AUTOMATED
wfarr/puppet-module...
jamtur01/puppetmaster
. . .
```

> **提示**
>
> 也可以在 Docker Hub 网站上在线查找可用镜像。

上面的命令在 Docker Hub 上查找了所有带有 `puppet` 的镜像。这条命令会完成镜像查找工作，并返回如下信息：

- 仓库名；
- 镜像描述；
- 用户评价（Stars）——反映一个镜像的受欢迎程度；
- 是否官方（Official）——由上游开发者管理的镜像（如 `fedora` 镜像由 Fedora 团队管理）；
- 自动构建（Automated）——表示这个镜像是由 Docker Hub 的自动构建（Automated Build）流程创建的。

> **注意**
>
> 我们将在本章后面对自动构建进行更详细的介绍。

让我们从上面的结果中拉取一个镜像，如代码清单 4-11 所示。

代码清单 4-11 拉取 jamtur01/puppetmaster 镜像

```
$ sudo docker pull jamtur01/puppetmaster
```

这条命令将会下载 jamtur01/puppetmaster 镜像到本地（这个镜像里预装了 Puppet 主服务器）。

接着就可以用这个镜像构建一个容器了。下面就用 docker run 命令来构建一个容器，如代码清单 4-12 所示。

代码清单 4-12　从 Puppet master 镜像创建一个容器

```
$ sudo docker run -i -t jamtur01/puppetmaster /bin/bash
root@4655dee672d3:/# facter
architecture => amd64
augeasversion => 1.2.0
. . .
root@4655dee672d3:/# puppet --version
3.4.3
```

可以看到，我们已经从 jamtur01/puppetmaster 镜像启动了一个新容器。我们以交互的方式启动了该容器，并且在里面运行了 Bash shell。在进入容器 shell 之后，我们运行了 Facter（Puppet 的主机探测应用），它也是预安装在镜像之内的。最后，在容器里，我们运行了 puppet 程序以验证 Puppet 是否安装正常。

4.5　构建镜像

前面我们已经看到了如何拉取已经构建好的带有定制内容的 Docker 镜像，那么我们如何修改自己的镜像，并且更新和管理这些镜像呢？构建 Docker 镜像有以下两种方法。

- 使用 docker commit 命令。
- 使用 docker build 命令和 Dockerfile 文件。

现在我们并不推荐使用 docker commit 命令，而应该使用更灵活、更强大的 Dockerfile 来构建 Docker 镜像。不过，为了对 Docker 有一个更全面的了解，我们还是会先介绍一下如何使用 docker commit 构建 Docker 镜像。之后，我们将重点介绍 Docker 所推荐的镜像构建方法：编写 Dockerfile 之后使用 docker build 命令。

注意

一般来说，我们不是真正"创建"新镜像，而是基于一个已有的基础镜像，如 ubuntu 或

fedora 等，构建新镜像而已。如果真的想从零构建一个全新的镜像，也可以参考
https://docs.docker.com/articles/baseimages/。

4.5.1 创建 Docker Hub 账号

构建镜像中很重要的一环就是如何共享和发布镜像。可以将镜像推送到 Docker Hub 或
者用户自己的私有 Registry 中。为了完成这项工作，需要在 Docker Hub 上创建一个账号，
可以从 https://hub.docker.com/account/signup/加入 Docker Hub，如图 4-3 所示。

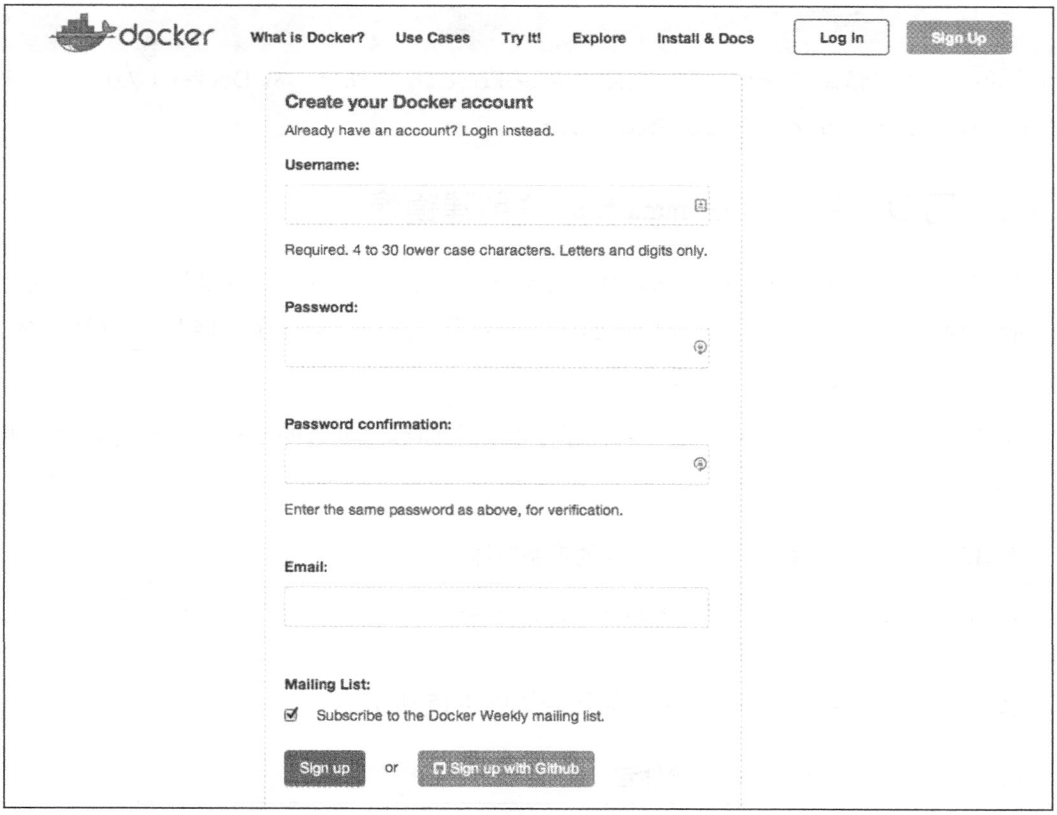

图 4-3　创建 Docker Hub 账号

首先需要注册一个账号，并在注册之后通过收到的确认邮件进行激活。

下面就可以测试刚才注册的账号是否能正常工作了。要登录到 Docker Hub，可以使用
docker login 命令，如代码清单 4-13 所示。

代码清单 4-13   登录到 Docker Hub

```
$ sudo docker login
Username: jamtur01
Password:
Email: james@lovedthanlost.net
Login Succeeded
```

这条命令将会完成登录到 Docker Hub 的工作，并将认证信息保存起来以供后面使用。可以使用 docker logout 命令从一个 Registry 服务器退出。

4.5.2   用 Docker 的 `commit` 命令创建镜像

创建 Docker 镜像的第一种方法是使用 docker commit 命令。可以将此想象为我们是在往版本控制系统里提交变更。我们先创建一个容器，并在容器里做出修改，就像修改代码一样，最后再将修改提交为一个新镜像。

先从创建一个新容器开始，这个容器基于我们前面已经见过的 ubuntu 镜像，如代码清单 4-14 所示。

代码清单 4-14   创建一个要进行修改的定制容器

```
$ sudo docker run -i -t ubuntu /bin/bash
root@4aab3ce3cb76:/#
```

接下来，在容器中安装 Apache，如代码清单 4-15 所示。

代码清单 4-15   安装 Apache 软件包

```
root@4aab3ce3cb76:/# apt-get -yqq update
. . .
root@4aab3ce3cb76:/# apt-get -y install apache2
. . .
```

我们启动了一个容器，并在里面安装了 Apache。我们会将这个容器作为一个 Web 服务器来运行，所以我们想把它的当前状态保存下来。这样就不必每次都创建一个新容器并再次在里面安装 Apache 了。为了完成此项工作，需要先使用 exit 命令从容器里退出，之后再运行 docker commit 命令，如代码清单 4-16 所示。

代码清单 4-16 提交定制容器

```
$ sudo docker commit 4aab3ce3cb76 jamtur01/apache2
8ce0ea7a1528
```

可以看到，在代码清单 4-16 所示的 docker commit 命令中，指定了要提交的修改过的容器的 ID（可以通过 docker ps -l -q 命令得到刚创建的容器的 ID），以及一个目标镜像仓库和镜像名，这里是 jamtur01/apache2。需要注意的是，docker commit 提交的只是创建容器的镜像与容器的当前状态之间有差异的部分，这使得该更新非常轻量。

来看看新创建的镜像，如代码清单 4-17 所示。

代码清单 4-17 检查新创建的镜像

```
$ sudo docker images jamtur01/apache2
. . .
jamtur01/apache2 latest 8ce0ea7a1528 13 seconds ago 90.63 MB
```

也可以在提交镜像时指定更多的数据（包括标签）来详细描述所做的修改。看一下代码清单 4-18 所示的例子。

代码清单 4-18 提交另一个新的定制容器

```
$ sudo docker commit -m"A new custom image" -a"James Turnbull" \
4aab3ce3cb76 jamtur01/apache2:webserver
f99ebb6fed1f559258840505a0f5d5b61731776239468l5366f3e3acff01adef
```

在这条命令里，我们指定了更多的信息选项。首先-m 选项用来指定新创建的镜像的提交信息。同时还指定了-a 选项，用来列出该镜像的作者信息。接着指定了想要提交的容器的 ID。最后的 jamtur01/apache2 指定了镜像的用户名和仓库名，并为该镜像增加了一个 webserver 标签。

可以用 docker inspect 命令来查看新创建的镜像的详细信息，如代码清单 4-19 所示。

代码清单 4-19 查看提交的镜像的详细信息

```
$ sudo docker inspect jamtur01/apache2:webserver
[{
```

```
    "Architecture": "amd64",
    "Author": "James Turnbull",
    "Comment": "A new custom image",
    . . .
}]
```

提示

可以从 *http://docs.docker.com/reference/commandline/cli/#commit* 查看 `docker commit` 命令的所有选项。

如果想从刚创建的新镜像运行一个容器，可以使用 `docker run` 命令，如代码清单 4-20 所示。

代码清单 4-20　从提交的镜像运行一个新容器

```
$ sudo docker run -t -i jamtur01/apache2:webserver /bin/bash
```

可以看出，我们用了完整标签 `jamtur01/apache2:webserver` 来指定这个镜像。

4.5.3　用 `Dockerfile` 构建镜像

并不推荐使用 `docker commit` 的方法来构建镜像。相反，推荐使用被称为 `Dockerfile` 的定义文件和 `docker build` 命令来构建镜像。`Dockerfile` 使用基本的基于 DSL（Domain Specific Language)）语法的指令来构建一个 Docker 镜像，我们推荐使用 `Dockerfile` 方法来代替 `docker commit`，因为通过前者来构建镜像更具备可重复性、透明性以及幂等性。

一旦有了 `Dockerfile`，我们就可以使用 `docker build` 命令基于该 `Dockerfile` 中的指令构建一个新的镜像。

我们的第一个 `Dockerfile`

现在就让我们创建一个目录并在里面创建初始的 `Dockerfile`。我们将创建一个包含简单 Web 服务器的 Docker 镜像，如代码清单 4-21 所示。

代码清单 4-21　创建一个示例仓库

```
$ mkdir static_web
$ cd static_web
```

```
$ touch Dockerfile
```

我们创建了一个名为 static_web 的目录用来保存 Dockerfile，这个目录就是我们的构建环境（build environment），Docker 则称此环境为上下文（context）或者构建上下文（build context）。Docker 会在构建镜像时将构建上下文和该上下文中的文件和目录上传到 Docker 守护进程。这样 Docker 守护进程就能直接访问用户想在镜像中存储的任何代码、文件或者其他数据。

作为开始，我们还创建了一个空 Dockerfile，下面就通过一个例子来看看如何通过 Dockerfile 构建一个能作为 Web 服务器的 Docker 镜像，如代码清单 4-22 所示。

代码清单 4-22　我们的第一个 Dockerfile

```
# Version: 0.0.1
FROM ubuntu:14.04
MAINTAINER James Turnbull "james@example.com"
RUN apt-get update && apt-get install -y nginx
RUN echo 'Hi, I am in your container' \
    >/usr/share/nginx/html/index.html
EXPOSE 80
```

该 Dockerfile 由一系列指令和参数组成。每条指令，如 FROM，都必须为大写字母，且后面要跟随一个参数：FROM ubuntu:14.04。Dockerfile 中的指令会按顺序从上到下执行，所以应该根据需要合理安排指令的顺序。

每条指令都会创建一个新的镜像层并对镜像进行提交。Docker 大体上按照如下流程执行 Dockerfile 中的指令。

- Docker 从基础镜像运行一个容器。
- 执行一条指令，对容器做出修改。
- 执行类似 docker commit 的操作，提交一个新的镜像层。
- Docker 再基于刚提交的镜像运行一个新容器。
- 执行 Dockerfile 中的下一条指令，直到所有指令都执行完毕。

从上面也可以看出，如果用户的 Dockerfile 由于某些原因（如某条指令失败了）没有正常结束，那么用户将得到一个可以使用的镜像。这对调试非常有帮助：可以基于该镜像运行一个具备交互功能的容器，使用最后创建的镜像对为什么用户的指令会失败进行调试。

每个 Dockerfile 的第一条指令必须是 FROM。FROM 指令指定一个已经存在的镜像，后续指令都将基于该镜像进行，这个镜像被称为基础镜像（base image）。

在前面的 Dockerfile 示例里，我们指定了 ubuntu:14.04 作为新镜像的基础镜像。基于这个 Dockerfile 构建的新镜像将以 Ubuntu 14.04 操作系统为基础。在运行一个容器时，必须要指明是基于哪个基础镜像在进行构建。

接着指定了 MAINTAINER 指令，这条指令会告诉 Docker 该镜像的作者是谁，以及作者的电子邮件地址。这有助于标识镜像的所有者和联系方式。

在这些指令之后，我们指定了两条 RUN 指令。RUN 指令会在当前镜像中运行指定的命令。在这个例子里，我们通过 RUN 指令更新了已经安装的 APT 仓库，安装了 nginx 包，之后创建了 /usr/share/nginx/html/index.html 文件，该文件有一些简单的示例文本。像前面说的那样，每条 RUN 指令都会创建一个新的镜像层，如果该指令执行成功，就会将此镜像层提交，之后继续执行 Dockerfile 中的下一条指令。

默认情况下，RUN 指令会在 shell 里使用命令包装器 /bin/sh -c 来执行。如果是在一个不支持 shell 的平台上运行或者不希望在 shell 中运行（比如避免 shell 字符串篡改），也可以使用 exec 格式的 RUN 指令，如代码清单 4-23 所示。

代码清单 4-23 exec 格式的 RUN 指令

```
RUN [ "apt-get", " install", "-y", "nginx" ]
```

在这种方式中，我们使用一个数组来指定要运行的命令和传递给该命令的每个参数。

接着设置了 EXPOSE 指令，这条指令告诉 Docker 该容器内的应用程序将会使用容器的指定端口。这并不意味着可以自动访问任意容器运行中服务的端口（这里是 80）。出于安全的原因，Docker 并不会自动打开该端口，而是需要用户在使用 docker run 运行容器时来指定需要打开哪些端口。一会儿我们将会看到如何从这一镜像创建一个新容器。

可以指定多个 EXPOSE 指令来向外部公开多个端口。

> **注意**
>
> Docker 也使用 EXPOSE 指令来帮助将多个容器链接，我们将在第 5 章学习到相关内容。
> 用户可以在运行时以 docker run 命令通过--expose 选项来指定对外部公开的端口。

4.5.4　基于 Dockerfile 构建新镜像

执行 docker build 命令时，Dockerfile 中的所有指令都会被执行并且提交，并且在该命令成功结束后返回一个新镜像。下面就来看看如何构建一个新镜像，如代码清单 4-24 所示。

代码清单 4-24　运行 Dockerfile

```
$ cd static_web
$ sudo docker build -t="jamtur01/static_web" .
Sending build context to Docker daemon 2.56 kB
Sending build context to Docker daemon
Step 0 : FROM ubuntu:14.04
 ---> ba5877dc9bec
Step 1 : MAINTAINER James Turnbull "james@example.com"
 ---> Running in b8ffa06f9274
 ---> 4c66c9dcee35
Removing intermediate container b8ffa06f9274
Step 2 : RUN apt-get update
 ---> Running in f331636c84f7
 ---> 9d938b9e0090
Removing intermediate container f331636c84f7
Step 3 : RUN apt-get install -y nginx
 ---> Running in 4b989d4730dd
 ---> 93fb180f3bc9
Removing intermediate container 4b989d4730dd
Step 4 : RUN echo 'Hi, I am in your container' >/usr/share/
 nginx/html/index.html
 ---> Running in b51bacc46eb9
 ---> b584f4ac1def
Removing intermediate container b51bacc46eb9
Step 5 : EXPOSE 80
 ---> Running in 7ff423bd1f4d
 ---> 22d47c8cb6e5
```

```
Successfully built 22d47c8cb6e5
```

我们使用了 docker build 命令来构建新镜像。我们通过指定 -t 选项为新镜像设置了仓库和名称，本例中仓库为 jamtur01，镜像名为 static_web。强烈建议各位为自己的镜像设置合适的名字以方便追踪和管理。

也可以在构建镜像的过程中为镜像设置一个标签，其使用方法为"镜像名:标签"，如代码清单 4-25 所示。

代码清单 4-25   在构建时为镜像设置标签

```
$ sudo docker build -t="jamtur01/static_web:v1" .
```

提示

如果没有指定任何标签，Docker 将会自动为镜像设置一个 latest 标签。

上面命令中最后的 . 告诉 Docker 到本地目录中去找 Dockerfile 文件。也可以指定一个 Git 仓库的源地址来指定 Dockerfile 的位置，如代码清单 4-26 所示。

代码清单 4-26   从 Git 仓库构建 Docker 镜像

```
$ sudo docker build -t="jamtur01/static_web:v1" \
git@github.com:jamtur01/docker-static_web
```

这里 Docker 假设在这个 Git 仓库的根目录下存在 Dockerfile 文件。

提示

自 Docker 1.5.0 开始，也可以通过 -f 标志指定一个区别于标准 Dockerfile 的构建源的位置。例如，docker build -t="jamtur01/static_web" -f path/to/file，这个文件可以不必命名为 Dockerfile，但是必须要位于构建上下文之中。

再回到 docker build 过程。可以看到构建上下文已经上传到了 Docker 守护进程，如代码清单 4-27 所示。

代码清单 4-27   将构建上下文上传到 Docker 守护进程

```
Sending build context to Docker daemon 2.56 kB
Sending build context to Docker daemon
```

提示

如果在构建上下文的根目录下存在以 .dockerignore 命名的文件的话,那么该文件内容会被按行进行分割,每一行都是一条文件过滤匹配模式。这非常像 .gitignore 文件,该文件用来设置哪些文件不会被当作构建上下文的一部分,因此可以防止它们被上传到 Docker 守护进程中去。该文件中模式的匹配规则采用了 Go 语言中的 filepath[①]。

之后,可以看到 Dockerfile 中的每条指令会被顺序执行,而且作为构建过程的最终结果,返回了新镜像的 ID,即 22d47c8cb6e5。构建的每一步及其对应指令都会独立运行,并且在输出最终镜像 ID 之前,Docker 会提交每步的构建结果。

4.5.5　指令失败时会怎样

前面介绍了一个指令失败时将会怎样。下面来看一个例子:假设我们在第 4 步中将软件包的名字弄错了,比如写成了 ngin。

再来运行一遍构建过程并看看当指令失败时会怎样,如代码清单 4-28 所示。

代码清单 4-28　管理失败的指令

```
$ cd static_web
$ sudo docker build -t="jamtur01/static_web" .
Sending build context to Docker daemon 2.56 kB
Sending build context to Docker daemon
Step 1 : FROM ubuntu:14.04
 ---> 8dbd9e392a96
Step 2 : MAINTAINER James Turnbull "james@example.com"
 ---> Running in d97e0c1cf6ea
 ---> 85130977028d
Step 3 : RUN apt-get update
 ---> Running in 85130977028d
 ---> 997485f46ec4
Step 4 : RUN apt-get install -y nginx
 ---> Running in ffca16d58fd8
Reading package lists...
```

---

① http://golang.org/pkg/path/filepath/#Match

```
Building dependency tree...
Reading state information...
E: Unable to locate package ngin
2014/06/04 18:41:11 The command [/bin/sh -c apt-get install -y
  ngin] returned a non-zero code: 100
```

这时候我需要调试一下这次失败。我可以用 `docker run` 命令来基于这次构建到目前为止已经成功的最后一步创建一个容器，在这个例子里，使用的镜像 ID 是 `997485f46ec4`，如代码清单 4-29 所示。

代码清单 4-29　基于最后的成功步骤创建新容器

```
$ sudo docker run -t -i 997485f46ec4 /bin/bash
dcge12e59fe8:/#
```

这时在这个容器中我可以再次运行 `apt-get install -y ngin`，并指定正确的包名，或者通过进一步调试来找出到底是哪里出错了。一旦解决了这个问题，就可以退出容器，使用正确的包名修改 `Dockerfile` 文件，之后再尝试进行构建。

4.5.6　`Dockerfile` 和构建缓存

由于每一步的构建过程都会将结果提交为镜像，所以 Docker 的构建镜像过程就显得非常聪明。它会将之前的镜像层看作缓存。比如，在我们的调试例子里，我们不需要在第 1 步到第 3 步之间进行任何修改，因此 Docker 会将之前构建时创建的镜像当作缓存并作为新的开始点。实际上，当再次进行构建时，Docker 会直接从第 4 步开始。当之前的构建步骤没有变化时，这会节省大量的时间。如果真的在第 1 步到第 3 步之间做了什么修改，Docker 则会从第一条发生了变化的指令开始。

然而，有些时候需要确保构建过程不会使用缓存。比如，如果已经缓存了前面的第 3 步，即 `apt-get update`，那么 Docker 将不会再次刷新 APT 包的缓存。这时用户可能需要取得每个包的最新版本。要想略过缓存功能，可以使用 `docker build` 的 `--no-cache` 标志，如代码清单 4-30 所示。

代码清单 4-30　忽略 `Dockerfile` 的构建缓存

```
$ sudo docker build --no-cache -t="jamtur01/static_web" .
```

4.5.7 　基于构建缓存的 `Dockerfile` 模板

构建缓存带来的一个好处就是，我们可以实现简单的 `Dockerfile` 模板（比如在 `Dockerfile` 文件顶部增加包仓库或者更新包，从而尽可能确保缓存命中）。我一般都会在自己的 `Dockerfile` 文件顶部使用相同的指令集模板，比如对 Ubuntu，使用代码清单 4-31 所示的模板。

代码清单 4-31 　Ubuntu 系统的 Dockerfile 模板

```
FROM ubuntu:14.04
MAINTAINER James Turnbull "james@example.com"
ENV REFRESHED_AT 2014-07-01
RUN apt-get -qq update
```

让我们一步步来分析一下这个新的 `Dockerfile`。首先，我通过 FROM 指令为新镜像设置了一个基础镜像 ubuntu:14.04。接着，我又使用 MAINTAINER 指令添加了自己的详细联系信息。之后我又使用了一条新出现的指令 ENV 来在镜像中设置环境变量。在这个例子里，我通过 ENV 指令来设置了一个名为 REFRESHED_AT 的环境变量，这个环境变量用来表明该镜像模板最后的更新时间。最后，我使用了 RUN 指令来运行 `apt-get -qq update` 命令。该指令运行时将会刷新 APT 包的缓存，用来确保我们能将要安装的每个软件包都更新到最新版本。

有了这个模板，如果想刷新一个构建，只需修改 ENV 指令中的日期。这使 Docker 在命中 ENV 指令时开始重置这个缓存，并运行后续指令而无须依赖该缓存。也就是说，`RUN apt-get update` 这条指令将会被再次执行，包缓存也将会被刷新为最新内容。可以扩展此模板，比如适配到不同的平台或者添加额外的需求。比如，可以像代码清单 4-32 这样来支持一个 fedora 镜像。

代码清单 4-32 　Fedora Dockerfile 模板

```
FROM fedora:20
MAINTAINER James Turnbull "james@example.com"
ENV REFRESHED_AT 2014-07-01
RUN yum -q makecache
```

在 Fedora 中使用 Yum 实现了与上面的 Ubuntu 例子中非常类似的功能。

4.5.8   查看新镜像

现在来看一下新构建的镜像。这可以使用 `docker images` 命令来完成，如代码清单 4-33 所示。

代码清单 4-33   列出新的 Docker 镜像

```
$ sudo docker images jamtur01/static_web
REPOSITORY              TAG      ID           CREATED          SIZE
jamtur01/static_web latest  22d47c8cb6e5  24 seconds ago 12.29 kB
   (virtual 326 MB)
```

如果想深入探求镜像是如何构建出来的，可以使用 `docker history` 命令，如代码清单 4-34 所示。

代码清单 4-34   使用 `docker history` 命令

```
$ sudo docker history 22d47c8cb6e5
IMAGE           CREATED         CREATED BY                                SIZE
22d47c8cb6e5  6 minutes ago  /bin/sh -c #(nop) EXPOSE map[80/tcp:{}]    0 B
b584f4ac1def  6 minutes ago  /bin/sh -c echo 'Hi, I am in your container' 27 B
93fb180f3bc9  6 minutes ago  /bin/sh -c apt-get install -y nginx    18.46 MB
9d938b9e0090  6 minutes ago  /bin/sh -c apt-get update            20.02 MB
4c66c9dcee35  6 minutes ago  /bin/sh -c #(nop) MAINTAINER James Turnbull " 0 B
. . .
```

从上面的结果可以看到新构建的 `jamtur01/static_web` 镜像的每一层，以及创建这些层的 Dockerfile 指令。

4.5.9   从新镜像启动容器

我们也可以基于新构建的镜像启动一个新容器，来检查一下我们的构建工作是否一切正常，如代码清单 4-35 所示。

代码清单 4-35   从新镜像启动一个容器

```
$ sudo docker run -d -p 80 --name static_web jamtur01/static_web \
nginx -g "daemon off;"
6751b94bb5c001a650c918e9a7f9683985c3eb2b026c2f1776e61190669494a8
```

在这里，我使用 docker run 命令，基于刚才构建的镜像的名字，启动了一个名为 static_web 的新容器。我们同时指定了-d 选项，告诉 Docker 以分离（detached）的方式在后台运行。这种方式非常适合运行类似 Nginx 守护进程这样的需要长时间运行的进程。我们也指定了需要在容器中运行的命令：nginx -g "daemon off;"。这将以前台运行的方式启动 Nginx，来作为我们的 Web 服务器。

我们这里也使用了一个新的-p 标志，该标志用来控制 Docker 在运行时应该公开哪些网络端口给外部（宿主机）。运行一个容器时，Docker 可以通过两种方法来在宿主机上分配端口。

- Docker 可以在宿主机上随机选择一个位于 32768~61000 的一个比较大的端口号来映射到容器中的 80 端口上。
- 可以在 Docker 宿主机中指定一个具体的端口号来映射到容器中的 80 端口上。

docker run 命令将在 Docker 宿主机上随机打开一个端口，这个端口会连接到容器中的 80 端口上。

使用 docker ps 命令来看一下容器的端口分配情况，如代码清单 4-36 所示。

代码清单 4-36　查看 Docker 端口映射情况

```
$ sudo docker ps -l
CONTAINER ID  IMAGE                      ... PORTS
                      NAMES
6751b94bb5c0  jamtur01/static_web:latest ... 0.0.0.0:49154->80/
  tcp static_web
```

可以看到，容器中的 80 端口被映射到了宿主机的 49154 上。我们也可以通过 docker port 来查看容器的端口映射情况，如代码清单 4-37 所示。

代码清单 4-37　docker port 命令

```
$ sudo docker port 6751b94bb5c0 80
0.0.0.0:49154
```

在上面的命令中我们指定了想要查看映射情况的容器的 ID 和容器的端口号，这里是 80。该命令返回了宿主机中映射的端口，即 49154。

或者，我们也可以使用容器名，如代码清单 4-38 所示。

代码清单 4-38　通过 -p 选项映射到特定端口

```
$ sudo docker port static_web 80
0.0.0.0:49154
```

-p 选项还为我们在将容器端口向宿主机公开时提供了一定的灵活性。比如，可以指定将容器中的端口映射到 Docker 宿主机的某一特定端口上，如代码清单 4-39 所示。

代码清单 4-39　通过 -p 选项映射到特定端口

```
$ sudo docker run -d -p 80:80 --name static_web jamtur01/static_web \
nginx -g "daemon off;"
```

上面的命令会将容器内的 80 端口绑定到本地宿主机的 80 端口上。很明显，我们必须非常小心地使用这种直接绑定的做法：如果要运行多个容器，只有一个容器能成功地将端口绑定到本地宿主机上。这将会限制 Docker 的灵活性。

为了避免这个问题，可以将容器内的端口绑定到不同的宿主机端口上去，如代码清单 4-40 所示。

代码清单 4-40　绑定不同的端口

```
$ sudo docker run -d -p 8080:80 --name static_web jamtur01/static_web \
nginx -g "daemon off;"
```

这条命令会将容器中的 80 端口绑定到宿主机的 8080 端口上。

我们也可以将端口绑定限制在特定的网络接口（即 IP 地址）上，如代码清单 4-41 所示。

代码清单 4-41　绑定到特定的网络接口

```
$ sudo docker run -d -p 127.0.0.1:80:80 --name static_web jamtur01/static_web \
nginx -g "daemon off;"
```

这里，我们将容器内的 80 端口绑定到了本地宿主机的 127.0.0.1 这个 IP 的 80 端口上。我们也可以使用类似的方式将容器内的 80 端口绑定到一个宿主机的随机端口上，如代码清单 4-42 所示。

代码清单 4-42 绑定到特定的网络接口的随机端口

```
$ sudo docker run -d -p 127.0.0.1::80 --name static_web jamtur01/static_web \
nginx -g "daemon off;"
```

这里，我们并没有指定具体要绑定的宿主机上的端口号，只指定了一个 IP 地址 127.0.0.1，这时我们可以使用 docker inspect 或者 docker port 命令来查看容器内的 80 端口具体被绑定到了宿主机的哪个端口上。

提示

也可以通过在端口绑定时使用/udp 后缀来指定 UDP 端口。

Docker 还提供了一个更简单的方式，即-P 参数，该参数可以用来对外公开在 Dockerfile 中通过 EXPOSE 指令公开的所有端口，如代码清单 4-43 所示。

代码清单 4-43 使用 docker run 命令对外公开端口

```
$ sudo docker run -d -P --name static_web jamtur01/static_web \
nginx -g "daemon off;"
```

该命令会将容器内的 80 端口对本地宿主机公开，并且绑定到宿主机的一个随机端口上。该命令会将用来构建该镜像的 Dockerfile 文件中 EXPOSE 指令指定的其他端口也一并公开。

提示

可以从 http://docs.docker.com/userguide/dockerlinks/#network-port-mapping-refresher 获得更多关于端口重定向的信息。

有了这个端口号，就可以使用本地宿主机的 IP 地址或者 127.0.0.1 的 localhost 连接到运行中的容器，查看 Web 服务器内容了，如代码清单 4-44 所示。

代码清单 4-44 使用 curl 连接到容器

```
$ curl localhost:49154
Hi, I am in your container
```

注意

可以通过 ifconfig 或者 ip addr 命令来查看本地宿主机的 IP 地址。

这是就得到了一个非常简单的基于 Docker 的 Web 服务器。

4.5.10　**Dockerfile** 指令

我们已经看过了一些 Dockerfile 中可用的指令，如 RUN 和 EXPOSE。但是，实际上还可以在 Dockerfile 中放入很多其他指令，这些指令包括 CMD、ENTRYPOINT、ADD、COPY、VOLUME、WORKDIR、USER、ONBUILD、LABEL、STOPSIGNAL、ARG 和 ENV 等。可以在 http://docs.docker.com/reference /builder/查看 Dockerfile 中可以使用的全部指令的清单。

在后面的几章中我们还会学到更多关于 Dockerfile 的知识，并了解如何将非常酷的应用程序打包到 Docker 容器中去。

1. CMD

CMD 指令用于指定一个容器启动时要运行的命令。这有点儿类似于 RUN 指令，只是 RUN 指令是指定镜像被构建时要运行的命令，而 CMD 是指定容器被启动时要运行的命令。这和使用 docker run 命令启动容器时指定要运行的命令非常类似，比如代码清单 4-45 所示。

代码清单 4-45　指定要运行的特定命令

```
$ sudo docker run -i -t jamtur01/static_web /bin/true
```

可以认为代码清单 4-45 所示的命令和在 Dockerfile 中使用代码清单 4-46 所示的 CMD 指令是等效的。

代码清单 4-46　使用 CMD 指令

```
CMD ["/bin/true"]
```

当然也可以为要运行的命令指定参数，如代码清单 4-47 所示。

代码清单 4-47　给 CMD 指令传递参数

```
CMD ["/bin/bash", "-l"]
```

这里我们将-l 标志传递给了/bin/bash 命令。

> **警告**
>
> 需要注意的是，要运行的命令是存放在一个数组结构中的。这将告诉 Docker 按指定的原样来运行该命令。当然也可以不使用数组而是指定 CMD 指令，这时候 Docker 会在指定的

命令前加上/bin/sh -c。这在执行该命令的时候可能会导致意料之外的行为，所以
Docker 推荐一直使用以数组语法来设置要执行的命令。

最后，还需牢记，使用 docker run 命令可以覆盖 CMD 指令。如果我们在 Dockerfile
里指定了 CMD 指令，而同时在 docker run 命令行中也指定了要运行的命令，命令行中指
定的命令会覆盖 Dockerfile 中的 CMD 指令。

注意

深刻理解 CMD 和 ENTRYPOINT 之间的相互作用关系也非常重要，我们将在后面对此进行
更详细的说明。

让我们来更贴近一步来看看这一过程。假设我们的 Dockerfile 文件中有代码清单
4-48 所示的 CMD 指令。

代码清单 4-48　覆盖 Dockerfile 文件中的 CMD 指令

```
CMD [ "/bin/bash" ]
```

可以使用 docker build 命令构建一个新镜像（假设镜像名为 jamtur01/test），
并基于此镜像启动一个新容器，如代码清单 4-49 所示。

代码清单 4-49　用 CMD 指令启动容器

```
$ sudo docker run -t -i jamtur01/test
root@e643e6218589:/#
```

注意到有什么不一样的地方了吗？在 docker run 命令的末尾我们并未指定要运行什
么命令。实际上，Docker 使用了 CMD 指令中指定的命令。

如果我指定了要运行的命令会怎样呢？如代码清单 4-50 所示。

代码清单 4-50　覆盖本地命令

```
$ sudo docker run -i -t jamtur01/test /bin/ps
PID TTY        TIME CMD
1 ?      00:00:00 ps
$
```

可以看到，在这里我们指定了想要运行的命令/bin/ps，该命令会列出所有正在运行
的进程。在这个例子里，容器并没有启动 shell，而是通过命令行参数覆盖了 CMD 指令中指

定的命令，容器运行后列出了正在运行的进程的列表，之后停止了容器。

> **提示**
>
> 在 Dockerfile 中只能指定一条 CMD 指令。如果指定了多条 CMD 指令，也只有最后一条 CMD 指令会被使用。如果想在启动容器时运行多个进程或者多条命令，可以考虑使用类似 Supervisor 这样的服务管理工具。

2. ENTRYPOINT

ENTRYPOINT 指令与 CMD 指令非常类似，也很容易和 CMD 指令弄混。这两个指令到底有什么区别呢？为什么要同时保留这两条指令？正如我们已经了解到的那样，我们可以在 docker run 命令行中覆盖 CMD 指令。有时候，我们希望容器会按照我们想象的那样去工作，这时候 CMD 就不太合适了。而 ENTRYPOINT 指令提供的命令则不容易在启动容器时被覆盖。实际上，docker run 命令行中指定的任何参数都会被当作参数再次传递给 ENTRYPOINT 指令中指定的命令。让我们来看一个 ENTRYPOINT 指令的例子，如代码清单 4-51 所示。

代码清单 4-51　指定 ENTRYPOINT 指令

```
ENTRYPOINT ["/usr/sbin/nginx"]
```

类似于 CMD 指令，我们也可以在该指令中通过数组的方式为命令指定相应的参数，如代码清单 4-52 所示。

代码清单 4-52　为 ENTRYPOINT 指令指定参数

```
ENTRYPOINT ["/usr/sbin/nginx", "-g", "daemon off;"]
```

> **注意**
>
> 和之前提到的 CMD 指令一样，我们通过给 ENTRYPOINT 传入数组的方式来避免在命令前加入/bin/sh -c 带来的各种问题。

现在重新构建我们的镜像，并将 ENTRYPOINT 设置为 ENTRYPOINT ["/usr/sbin/nginx"]，如代码清单 4-53 所示。

代码清单 4-53　用新的 ENTRYPOINT 指令重新构建 static_web 镜像

```
$ sudo docker build -t="jamtur01/static_web" .
```

然后，我们从 `jamtur01/static_web` 镜像启动一个新容器，如代码清单 4-54 所示。

代码清单 4-54　使用 `docker run` 命令启动包含 `ENTRYPOINT` 指令的容器

```
$ sudo docker run -t -i jamtur01/static_web -g "daemon off;"
```

从上面可以看到，我们重新构建了镜像，并且启动了一个交互的容器。我们指定了-g "daemon off;"参数，这个参数会传递给用 ENTRYPOINT 指定的命令，在这里该命令为 /usr/sbin/nginx -g "daemon off;"。该命令会以前台运行的方式启动 Nginx 守护进程，此时这个容器就会作为一台 Web 服务器来运行。

我们也可以组合使用 ENTRYPOINT 和 CMD 指令来完成一些巧妙的工作。比如，我们可能想在 Dockerfile 里指定代码清单 4-55 所示的内容。

代码清单 4-55　同时使用 `ENTRYPOINT` 和 `CMD` 指令

```
ENTRYPOINT ["/usr/sbin/nginx"]
CMD ["-h"]
```

此时当我们启动一个容器时，任何在命令行中指定的参数都会被传递给 Nginx 守护进程。比如，我们可以指定-g "daemon off";参数让 Nginx 守护进程以前台方式运行。如果在启动容器时不指定任何参数，则在 CMD 指令中指定的-h 参数会被传递给 Nginx 守护进程，即 Nginx 服务器会以/usr/sbin/nginx -h 的方式启动，该命令用来显示 Nginx 的帮助信息。

这使我们可以构建一个镜像，该镜像既可以运行一个默认的命令，同时它也支持通过 `docker run` 命令行为该命令指定可覆盖的选项或者标志。

提示

如果确实需要，用户也可以在运行时通过 `docker run` 的`--entrypoint` 标志覆盖 ENTRYPOINT 指令。

3. `WORKDIR`

`WORKDIR` 指令用来在从镜像创建一个新容器时，在容器内部设置一个工作目录，ENTRYPOINT 和/或 CMD 指定的程序会在这个目录下执行。

我们可以使用该指令为 Dockerfile 中后续的一系列指令设置工作目录，也可以为最终的容器设置工作目录。比如，我们可以如代码清单 4-56 所示这样为特定的指令设置不同的工作目录。

代码清单 4-56 使用 WORKDIR 指令

```
WORKDIR /opt/webapp/db
RUN bundle install
WORKDIR /opt/webapp
ENTRYPOINT [ "rackup" ]
```

这里，我们将工作目录切换为/opt/webapp/db 后运行了 bundle install 命令，之后又将工作目录设置为/opt/webapp，最后设置了 ENTRYPOINT 指令来启动 rackup 命令。

可以通过-w 标志在运行时覆盖工作目录，如代码清单 4-57 所示。

代码清单 4-57 覆盖工作目录

```
$ sudo docker run -ti -w /var/log ubuntu pwd
/var/log
```

该命令会将容器内的工作目录设置为/var/log。

4. ENV

ENV 指令用来在镜像构建过程中设置环境变量，如代码清单 4-58 所示。

代码清单 4-58 在 Dockerfile 文件中设置环境变量

```
ENV RVM_PATH /home/rvm/
```

这个新的环境变量可以在后续的任何 RUN 指令中使用，这就如同在命令前面指定了环境变量前缀一样，如代码清单 4-59 所示。

代码清单 4-59 为 RUN 指令设置前缀

```
RUN gem install unicorn
```

该指令会以代码清单 4-60 所示的方式执行。

代码清单 4-60 添加 ENV 前缀后执行

```
RVM_PATH=/home/rvm/ gem install unicorn
```

可以在 ENV 指令中指定单个环境变量，或者，从 Docker 1.4 开始可以像代码清单 4-61

所示那样指定多个变量。

代码清单 4-61　使用 ENV 设置多个环境变量

```
ENV RVM_PATH=/home/rvm RVM_ARCHFLAGS="-arch i386"
```

也可以在其他指令中使用这些环境变量，如代码清单 4-62 所示。

代码清单 4-62　在其他 Dockerfile 指令中使用环境变量

```
ENV TARGET_DIR /opt/app
WORKDIR $TARGET_DIR
```

在这里我们设定了一个新的环境变量 TARGET_DIR，并在 WORKDIR 中使用了它的值。因此实际上 WORKDIR 指令的值会被设为/opt/app。

> **注意**
>
> 如果需要，可以通过在环境变量前加上一个反斜线来进行转义。

这些环境变量也会被持久保存到从我们的镜像创建的任何容器中。所以，如果我们在使用 ENV RVM_PATH /home/rvm/指令构建的容器中运行 env 命令，将会看到代码清单 4-63 所示的结果。

代码清单 4-63　Docker 容器中环境变量的持久化

```
root@bf42aadc7f09:~# env
. . .
RVM_PATH=/home/rvm/
. . .
```

也可以使用 docker run 命令行的-e 标志来传递环境变量。这些变量将只会在运行时有效，如代码清单 4-64 所示。

代码清单 4-64　运行时环境变量

```
$ sudo docker run -ti -e "WEB_PORT=8080" ubuntu env
HOME=/
PATH=/usr/local/sbin:/usr/local/bin:/usr/sbin:/usr/bin:/sbin:/bin
HOSTNAME=792b171c5e9f
TERM=xterm
WEB_PORT=8080
```

我们可以看到，在容器中 WEB_PORT 环境变量被设为了 8080。

5. USER

USER 指令用来指定该镜像会以什么样的用户去运行，比如代码清单 4-65 所示。

代码清单 4-65　使用 USER 指令

```
USER nginx
```

基于该镜像启动的容器会以 nginx 用户的身份来运行。我们可以指定用户名或 UID 以及组或 GID，甚至是两者的组合，比如代码清单 4-66 所示。

代码清单 4-66　指定 USER 和 GROUP 的各种组合

```
USER user
USER user:group
USER uid
USER uid:gid
USER user:gid
USER uid:group
```

也可以在 docker run 命令中通过-u 标志来覆盖该指令指定的值。

> **提示**
>
> 如果不通过 USER 指令指定用户，默认用户为 root。

6. VOLUME

VOLUME 指令用来向基于镜像创建的容器添加卷。一个卷是可以存在于一个或者多个容器内的特定的目录，这个目录可以绕过联合文件系统，并提供如下共享数据或者对数据进行持久化的功能。

- 卷可以在容器间共享和重用。
- 一个容器可以不是必须和其他容器共享卷。
- 对卷的修改是立时生效的。
- 对卷的修改不会对更新镜像产生影响。
- 卷会一直存在直到没有任何容器再使用它。

卷功能让我们可以将数据（如源代码）、数据库或者其他内容添加到镜像中而不是将这些内容提交到镜像中,并且允许我们在多个容器间共享这些内容。我们可以利用此功能来测试容器和内部的应用程序代码,管理日志,或者处理容器内部的数据库。我们将在第 5 章和第 6 章看到相关的例子。

可以像代码清单 4-67 所示的这样使用 VOLUME 指令。

代码清单 4-67　使用 VOLUME 指令

```
VOLUME ["/opt/project"]
```

这条指令将会为基于此镜像创建的任何容器创建一个名为/opt/project 的挂载点。

> **提示**
>
> docker cp 是和 VOLUME 指令相关并且也是很实用的命令。该命令允许从容器复制文件和复制文件到容器上。可以从 Docker 命令行文档(https://docs.docker.com/engine/reference/commandline/cp/)中获得更多信息。

也可以通过指定数组的方式指定多个卷,如代码清单 4-68 所示。

代码清单 4-68　使用 VOLUME 指令指定多个卷

```
VOLUME ["/opt/project", "/data" ]
```

> **提示**
>
> 第 5 章和第 6 章中将包括更多关于卷和如何使用卷的内容。如果现在就对卷功能很好奇,也可以在 http://docs.docker.com/userguide/dockervolumes/读到更多关于卷的信息。

7. ADD

ADD 指令用来将构建环境下的文件和目录复制到镜像中。比如,在安装一个应用程序时。ADD 指令需要源文件位置和目的文件位置两个参数,如代码清单 4-69 所示。

代码清单 4-69　使用 ADD 指令

```
ADD software.lic /opt/application/software.lic
```

这里的 ADD 指令将会将构建目录下的 software.lic 文件复制到镜像中的/opt/application/software.lic。指向源文件的位置参数可以是一个 URL,或者构建上下文或环境中文件名或者目录。不能对构建目录或者上下文之外的文件进行 ADD 操作。

在 ADD 文件时，Docker 通过目的地址参数末尾的字符来判断文件源是目录还是文件。如果目标地址以/结尾，那么 Docker 就认为源位置指向的是一个目录。如果目的地址以/结尾，那么 Docker 就认为源位置指向的是目录。如果目的地址不是以/结尾，那么 Docker 就认为源位置指向的是文件。

文件源也可以使用 URL 的格式，如代码清单 4-70 所示。

代码清单 4-70　在 ADD 指令中使用 URL 作为文件源

```
ADD http://wordpress.org/latest.zip /root/wordpress.zip
```

最后值得一提的是，ADD 在处理本地归档文件（tar archive）时还有一些小魔法。如果将一个归档文件（合法的归档文件包括 gzip、bzip2、xz）指定为源文件，Docker 会自动将归档文件解开（unpack），如代码清单 4-71 所示。

代码清单 4-71　将归档文件作为 ADD 指令中的源文件

```
ADD latest.tar.gz /var/www/wordpress/
```

这条命令会将归档文件 latest.tar.gz 解开到/var/www/wordpress/目录下。Docker 解开归档文件的行为和使用带-x 选项的 tar 命令一样：该指令执行后的输出是原目的目录已经存在的内容加上归档文件中的内容。如果目的位置的目录下已经存在了和归档文件同名的文件或者目录，那么目的位置中的文件或者目录不会被覆盖。

> **警告**
>
> 目前 Docker 还不支持以 URL 方式指定的源位置中使用归档文件。这种行为稍显得有点儿不统一，在以后的版本中应该会有所变化。

最后，如果目的位置不存在的话，Docker 将会为我们创建这个全路径，包括路径中的任何目录。新创建的文件和目录的模式为 0755，并且 UID 和 GID 都是 0。

> **注意**
>
> ADD 指令会使得构建缓存变得无效，这一点也非常重要。如果通过 ADD 指令向镜像添加一个文件或者目录，那么这将使 Dockerfile 中的后续指令都不能继续使用之前的构建缓存。

8. COPY

COPY 指令非常类似于 ADD，它们根本的不同是 COPY 只关心在构建上下文中复制本地文件，而不会去做文件提取（extraction）和解压（decompression）的工作。COPY 指令的使用如代码清单 4-72 所示。

代码清单 4-72 使用 COPY 指令

```
COPY conf.d/ /etc/apache2/
```

这条指令将会把本地 conf.d 目录中的文件复制到/etc/apache2/目录中。

文件源路径必须是一个与当前构建环境相对的文件或者目录，本地文件都放到和 Dockerfile 同一个目录下。不能复制该目录之外的任何文件，因为构建环境将会上传到 Docker 守护进程，而复制是在 Docker 守护进程中进行的。任何位于构建环境之外的东西都是不可用的。COPY 指令的目的位置则必须是容器内部的一个绝对路径。

任何由该指令创建的文件或者目录的 UID 和 GID 都会设置为 0。

如果源路径是一个目录，那么这个目录将整个被复制到容器中，包括文件系统元数据；如果源文件为任何类型的文件，则该文件会随同元数据一起被复制。在这个例子里，源路径以/结尾，所以 Docker 会认为它是目录，并将它复制到目的目录中。

如果目的位置不存在，Docker 将会自动创建所有需要的目录结构，就像 mkdir -p 命令那样。

9. LABEL

LABEL 指令用于为 Docker 镜像添加元数据。元数据以键值对的形式展现。我们可以来看一个例子，见代码清单 4-73。

代码清单 4-73 添加 LABEL 指令

```
LABEL version="1.0"
LABEL location="New York" type="Data Center" role="Web Server"
```

LABEL 指令以 label="value"的形式出现。可以在每一条指令中指定一个元数据，或者指定多个元数据，不同的元数据之间用空格分隔。推荐将所有的元数据都放到一条 LABEL 指令中，以防止不同的元数据指令创建过多镜像层。可以通过 docker inspect 命令来查看 Docker 镜像中的标签信息，如代码清单 4-74 所示。

代码清单 4-74 使用 docker inspect 命令查看容器标签

```
$ sudo docker inspect jamtur01/apache2
```

```
. . .
"Labels": {
    "version": "1.0",
    "location"="New York",
    "type"="Data Center",
    "role"="Web Server"
},
```

这里我们可以看到前面用 LABEL 指令定义的元数据信息。

> **注意**
>
> LABEL 指令是在 Docker 1.6 版本中引入的。

10. STOPSIGNAL

STOPSIGNAL 指令用来设置停止容器时发送什么系统调用信号给容器。这个信号必须是内核系统调用表中合法的数，如 9，或者 SIGNAME 格式中的信号名称，如 SIGKILL。

> **注意**
>
> STOPSIGNAL 指令是在 Docker 1.9 版本中引入的。

11. ARG

ARG 指令用来定义可以在 docker build 命令运行时传递给构建运行时的变量，我们只需要在构建时使用--build-arg 标志即可。用户只能在构建时指定在 Dockerfile 文件中定义过的参数。

代码清单 4-75　添加 ARG 指令

```
ARG build
ARG webapp_user=user
```

上面例子中第二条 ARG 指令设置了一个默认值，如果构建时没有为该参数指定值，就会使用这个默认值。下面我们就来看看如何在 docker build 中使用这些参数。

代码清单 4-76　使用 ARG 指令

```
$ docker build --build-arg build=1234 -t jamtur01/webapp .
```

这里构建 jamtur01/webapp 镜像时，build 变量将会设置为 1234，而 webapp_user 变量则会继承设置的默认值 user。

读到这里，也许你会认为使用 ARG 来传递证书或者密钥之类的信息是一个不错的想法。但是，请千万不要这么做。你的机密信息在构建过程中以及镜像的构建历史中会被暴露。

Docker 预定义了一组 ARG 变量，可以在构建时直接使用，而不必再到 Dockerfile 中自行定义。

代码清单 4-77　预定义 ARG 变量

```
HTTP_PROXY
http_proxy
HTTPS_PROXY
https_proxy
FTP_PROXY
ftp_proxy
NO_PROXY
no_proxy
```

要想使用这些预定义的变量，只需要给 `docker build` 命令传递`--build-arg <variable>=<value>`标志就可以了。

注意

ARG 指令是在 Docker 1.9 版本中引入的，可以在 Docker 文档（https://docs.docker.com/engine/reference/builder/#arg）中阅读详细说明。

12. ONBUILD

ONBUILD 指令能为镜像添加触发器（trigger）。当一个镜像被用做其他镜像的基础镜像时（比如用户的镜像需要从某未准备好的位置添加源代码，或者用户需要执行特定于构建镜像的环境的构建脚本），该镜像中的触发器将会被执行。

触发器会在构建过程中插入新指令，我们可以认为这些指令是紧跟在 FROM 之后指定的。触发器可以是任何构建指令，比如代码清单 4-78 所示。

代码清单 4-78　添加 ONBUILD 指令

```
ONBUILD ADD . /app/src
ONBUILD RUN cd /app/src && make
```

上面的代码将会在创建的镜像中加入 ONBUILD 触发器，ONBUILD 指令可以在镜像上运行 docker inspect 命令来查看，如代码清单 4-79 所示。

代码清单 4-79   通过 docker inspect 命令查看镜像中的 ONBUILD 指令

```
$ sudo docker inspect 508efa4e4bf8
. . .
"OnBuild": [
    "ADD . /app/src",
    "RUN cd /app/src/ && make"
]
. . .
```

比如，我们为 Apache2 镜像构建一个全新的 Dockerfile，该镜像名为 jamtur01/apache2，如代码清单 4-80 所示。

代码清单 4-80   新的 ONBUILD 镜像 Dockerfile

```
FROM ubuntu:14.04
MAINTAINER James Turnbull "james@example.com"
RUN apt-get update && apt-get install -y apache2
ENV APACHE_RUN_USER www-data
ENV APACHE_RUN_GROUP www-data
ENV APACHE_LOG_DIR /var/log/apache2
ONBUILD ADD . /var/www/
EXPOSE 80
ENTRYPOINT ["/usr/sbin/apache2"]
CMD ["-D", "FOREGROUND"]
```

现在我们就来构建该镜像，如代码清单 4-81 所示。

代码清单 4-81   构建 apache2 镜像

```
$ sudo docker build -t="jamtur01/apache2" .
. . .
Step 7 : ONBUILD ADD . /var/www/
---> Running in 0e117f6ea4ba
---> a79983575b86
Successfully built a79983575b86
```

在新构建的镜像中包含一条 ONBUILD 指令，该指令会使用 ADD 指令将构建环境所在的目录下的内容全部添加到镜像中的/var/www/目录下。我们可以轻而易举地将这个Dockerfile作为一个通用的 Web 应用程序的模板，可以基于这个模板来构建 Web 应用程序。

我们可以通过构建一个名为 webapp 的镜像来看看如何使用镜像模板功能。它的Dockerfile 如代码清单 4-82 所示。

代码清单 4-82　webapp 的 Dockerfile

```
FROM jamtur01/apache2
MAINTAINER James Turnbull "james@example.com"
ENV APPLICATION_NAME webapp
ENV ENVIRONMENT development
```

让我们看看构建这个镜像时将会发生什么事情，如代码清单 4-83 所示。

代码清单 4-83　构建 webapp 镜像

```
$ sudo docker build -t="jamtur01/webapp" .
. . .
Step 0 : FROM jamtur01/apache2
# Executing 1 build triggers
Step onbuild-0 : ADD . /var/www/
---> 1a018213a59d
---> 1a018213a59d
Step 1 : MAINTAINER James Turnbull "james@example.com"
. . .
Successfully built 04829a360d86
```

可以清楚地看到，在 FROM 指令之后，Docker 插入了一条 ADD 指令，这条 ADD 指令就是在 ONBUILD 触发器中指定的。执行完该 ADD 指令后，Docker 才会继续执行构建文件中的后续指令。这种机制使我每次都会将本地源代码添加到镜像，就像上面我们做到的那样，也支持我为不同的应用程序进行一些特定的配置或者设置构建信息。这时，可以将jamtur01/apache2 当作一个镜像模板。

ONBUILD 触发器会按照在父镜像中指定的顺序执行，并且只能被继承一次（也就是说只能在子镜像中执行，而不会在孙子镜像中执行）。如果我们再基于 jamtur01/webapp 构建一个镜像，则新镜像是 jamtur01/apache2 的孙子镜像，因此在该镜像的构建过程中，ONBUILD 触发器是不会被执行的。

> **注意**
>
> 这里有好几条指令是不能用在 ONBUILD 指令中的，包括 FROM、MAINTAINER 和 ONBUILD 本身。之所以这么规定是为了防止在 Dockerfile 构建过程中产生递归调用的问题。

4.6　将镜像推送到 Docker Hub

镜像构建完毕之后，我们也可以将它上传到 Docker Hub 上面去，这样其他人就能使用这个镜像了。比如，我们可以在组织内共享这个镜像，或者完全公开这个镜像。

> **注意**
>
> Docker Hub 也提供了对私有仓库的支持，这是一个需要付费的功能，用户可以将镜像存储到私有仓库中，这样只有用户或者任何与用户共享这个私有仓库的人才能访问该镜像。这样用户就可以将机密信息或者代码放到私有镜像中，不必担心被公开访问了。

我们可以通过 docker push 命令将镜像推送到 Docker Hub。

现在就让我们来试一试如何推送，如代码清单 4-84 所示。

代码清单 4-84　尝试推送 root 镜像

```
$ sudo docker push static_web
2013/07/01 18:34:47 Impossible to push a "root" repository.
  Please rename your repository in <user>/<repo> (ex: jamtur01/
  static_web)
```

出什么问题了？我们尝试将镜像推送到远程仓库 static_web，但是 Docker 认为这是一个 root 仓库。root 仓库是由 Docker 公司的团队管理的，因此会拒绝我们的推送请求。让我们再换一种方式试一下，如代码清单 4-85 所示。

代码清单 4-85　推送 Docker 镜像

```
$ sudo docker push jamtur01/static_web
The push refers to a repository [jamtur01/static_web] (len: 1)
Processing checksums
Sending image list
Pushing repository jamtur01/static_web to registry-1.docker.io (1 tags)
```

· · ·

这次我们使用了一个名为 `jamtur01/static_web` 的用户仓库，成功地将镜像推送到了 Docker Hub。我们将会使用自己的用户 ID，这个 ID 也是我们前面创建的，并选择了一个合法的镜像名（如 `youruser/yourimage`）。

我们可以在 Docker Hub 看到我们上传的镜像，如图 4-4 所示。

图 4-4　用户在 Docker Hub 上的镜像

提示

可以在 http://docs.docker.com/docker-hub/ 查看到关于 Docker Hub 的文档和更多关于功能方面的信息。

自动构建

除了从命令行构建和推送镜像，Docker Hub 还允许我们定义自动构建（Automated Builds）。为了使用自动构建，我们只需要将 GitHub 或 BitBucket 中含有 `Dockerfile` 文件的仓库连接到 Docker Hub 即可。向这个代码仓库推送代码时，将会触发一次镜像构建活动并创建一个新镜像。在之前该工作机制也被称为可信构建（Trusted Build）。

注意

自动构建同样支持私有 GitHub 和 BitBucket 仓库。

在 Docker Hub 中添加自动构建任务的第一步是将 GitHub 或者 BitBucket 账号连接到
Docker Hub。具体操作是，打开 Docker Hub，登录后单
击个人信息链接，之后单击 Add Repository ->
Automated Build 按钮，如图 4-5 所示。

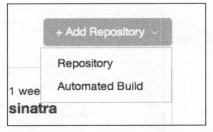

图 4-5 添加仓库按钮

你将会在此页面看到关于链接到 GitHub 或者
BitBucket 账号的选项。单击 GitHub logo 下面的 Select
按钮开始账号链接。你将会转到 GitHub 页面并看到
Docker Hub 的账号链接授权请求。

在 GitHub 上有两个选项：Public and Private (recommended) 和 Limited。选
择 Public and Private (recommended) 并单击 Allow Access 完成授权操作。有可
能会被要求输入 GitHub 的密码来确认访问请求。

之后，系统将提示你选择用来进行自动构建的组织和仓库，如图 4-6 所示。

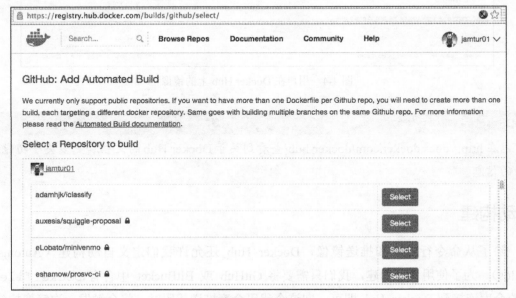

图 4-6 选择仓库

单击想用来进行自动构建的仓库后面的 Select 按钮，之后开始对自动构建进行配置，如图 4-7 所示。

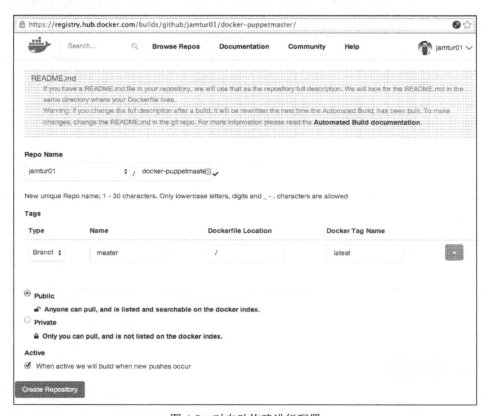

图 4-7 对自动构建进行配置

指定想使用的默认的分支名，并确认仓库名。

为每次自动构建过程创建的镜像指定一个标签，并指定 Dockerfile 的位置。默认的位置为代码仓库的根目录下，但是也可以随意设置该路径。

最后，单击 Create Repository 按钮来将你的自动构建添加到 Docker Hub 中，如图 4-8 所示。

你会看到你的自动构建已经被提交了。单击 Build Status 链接可以查看最近一次构建的状态，包括标准输出的日志，里面记录了构建过程以及任何的错误。如果该构建状态为 Done，则表示该自动构建为最新状态。Error 状态则表示构建过程出现错误。你可以单击查看详细的日志输出。

> **注意**
>
> 不能通过 docker push 命令推送一个自动构建，只能通过更新你的 GitHub 或者 BitBucket 仓库来更新你的自动构建。

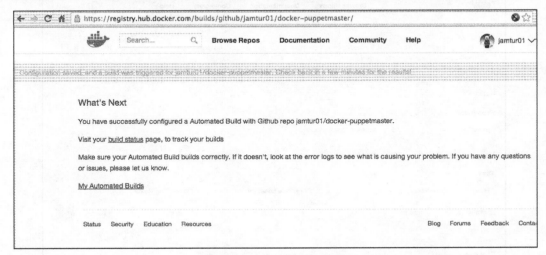

图 4-8　创建你的自动构建

4.7　删除镜像

如果不再需要一个镜像了，也可以将它删除。可以使用 docker rmi 命令来删除一个镜像，如代码清单 4-86 所示。

代码清单 4-86　删除 Docker 镜像

```
$ sudo docker rmi jamtur01/static_web
Untagged: 06c6c1f81534
Deleted: 06c6c1f81534
Deleted: 9f551a68e60f
Deleted: 997485f46ec4
Deleted: a101d806d694
Deleted: 85130977028d
```

这里我们删除了 jamtur01/static_web 镜像。在这里也可以看到 Docker 的分层文件系统：每一个 Deleted: 行都代表一个镜像层被删除。

> **注意**
>
> 该操作只会将本地的镜像删除。如果之前已经将该镜像推送到 Docker Hub 上，那么它在 Docker Hub 上将依然存在。

如果想删除一个 Docker Hub 上的镜像仓库，需要在登录 Docker Hub 后使用 Delete repository 链接来删除[①]，如图 4-9 所示。

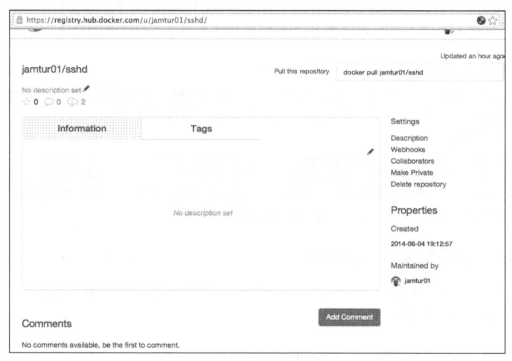

图 4-9　删除仓库

还可以在命令行中指定一个镜像名列表来删除多个镜像，如代码清单 4-87 所示。

代码清单 4-87　同时删除多个 Docker 镜像

```
$ sudo docker rmi jamtur01/apache2 jamtur01/puppetmaster
```

或者，类似于在第 3 章中看到的 docker rm 命令那样，我们可以像代码清单 4-88 所示的这样来使用 docker rmi 命令。

---

① https://registry.hub.docker.com/u/jamtur01/static_web/

```
$ sudo docker rmi `docker images -a -q`
```

4.8　运行自己的 Docker Registry

显然，拥有 Docker 镜像的一个公共的 Registry 非常有用。但是，有时候我们可能希望构建和存储包含不想被公开的信息或数据的镜像。这时候我们有以下两种选择。

- 利用 Docker Hub 上的私有仓库[①]。
- 在防火墙后面运行你自己的 Registry。

感谢 Docker 公司的团队开源了他们用于运行 Docker Registry 的代码[②]，这样我们就可以基于此代码在内部运行自己的 Registry。目前 Registry 还不支持用户界面，只能以 API 服务的方式来运行。

> **提示**
>
> 如果在代理或者公司防火墙之后运行 Docker，也可以使用 HTTPS_PROXY、HTTP_PROXY 和 NO_PROXY 等选项来控制 Docker 如何互连。

4.8.1　从容器运行 Registry

从 Docker 容器安装一个 Registry 非常简单。只需要像代码清单 4-89 所示的这样运行 Docker 提供的容器即可。

代码清单 4-89　运行基于容器的 Registry

```
$ sudo docker run -p 5000:5000 registry:2
```

> **注意**
>
> 从 Docker 1.3.1 开始，需要在启动 Docker 守护进程的命令中添加−insecure-registry localhost:5000 标志，并重启守护进程，才能使用本地 Registry。

该命令将会启动一个运行 Registry 应用 2.0 版本的容器，并将 5000 端口绑定到本地宿主机。

---

① https://registry.hub.docker.com/plans/
② https://github.com/docker/docker-registry

> **提示**
>
> 如果用户正在运行一个版本低于 2.0 的 Docker Registry，那么可以使用 Docker Registry 迁移工具（https://github.com/docker/migrator）升级到新版的 Registry。

4.8.2　测试新 Registry

那么如何使用新的 Registry 呢？让我们先来看看是否能将本地已经存在的镜像 jamtur01/static_web 上传到我们的新 Registry 上去。首先，我们需要通过 docker images 命令来找到这个镜像的 ID，如代码清单 4-90 所示。

代码清单 4-90　查看 `jamtur01/static_web` Docker 镜像

```
$ sudo docker images jamtur01/static_web
REPOSITORY             TAG     ID            CREATED          SIZE
jamtur01/static_web    latest  22d47c8cb6e5  24 seconds ago   12.29 kB
  (virtual 326 MB)
```

接着，我们找到镜像 ID，即 22d47c8cb6e5，并使用新的 Registry 给该镜像打上标签。为了指定新的 Registry 目的地址，需要在镜像名前加上主机名和端口前缀。在这个例子里，我们的 Registry 主机名为 docker.example.com，如代码清单 4-91 所示。

代码清单 4-91　使用新 Registry 为镜像打标签

```
$ sudo docker tag 22d47c8cb6e5 docker.example.com:5000/jamtur01/static_web
```

为镜像打完标签之后，就能通过 docker push 命令将它推送到新的 Registry 中去了，如代码清单 4-92 所示。

代码清单 4-92　将镜像推送到新 Registry

```
$ sudo docker push docker.example.com:5000/jamtur01/static_web
The push refers to a repository [docker.example.com:5000/jamtur01
  /static_web] (len: 1)
Processing checksums
Sending image list
Pushing repository docker.example.com:5000/jamtur01/static_web (1 tags)
Pushing 22d47c8cb6e556420e5d58ca5cc376ef18e2de93b5cc90e868a1bbc8318c1c
Buffering to disk 58375952/? (n/a)
Pushing 58.38 MB/58.38 MB (100%)
. . .
```

这个镜像就被提交到了本地的 Registry 中，并且可以将其用于使用 docker run 命令构建新容器，如代码清单 4-93 所示。

代码清单 4-93   从本地 Registry 构建新的容器

```
$ sudo docker run -t -i docker.example.com:5000/jamtur01/
static_web /bin/bash
```

这是在防火墙后面部署自己的 Docker Registry 的最简单的方式。我们并没有解释如何配置或者管理 Registry。如果想深入了解如何配置认证和管理后端镜像存储方式，以及如何管理 Registry 等详细信息，可以在 Docker Registry 部署文档查看完整的配置和部署说明。

4.9   其他可选 Registry 服务

也有很多其他公司和服务提供定制的 Docker Registry 服务。

Quay

Quay 服务提供了私有的 Registry 托管服务，允许用户上传公共的或者私有的容器。目前它提供了免费的无限制的公共仓库托管服务，如果想托管私有仓库，它还提供了一系列的可伸缩计划。Quay 最近被 CoreOS 收购了，并会被整合到他们的产品中去。

4.10   小结

在本章中，我们已经看到了如何使用 Docker 镜像及如何与其交互，以及关于如何修改、更新和上传镜像到 Docker Index 的基础知识。我们还学习了如何使用 Dockerfile 构建自己的定制镜像。最后，我们还研究了一下如何运行自己本地的 Docker Registry 和其他可选的镜像托管服务。这都是我们基于 Docker 构建服务的基础。

在下一章中，我们将看到如何利用这些知识将 Docker 集成到测试工作流和持续集成中去。

第5章

在测试中使用 Docker

在前几章中我们学习了很多 Docker 的基础知识，了解了什么是镜像，基本的启动流程，以及如何运作容器。了解了这些基础知识后，接下来让我们试着在实际开发和测试过程中使用 Docker。首先来看看 Docker 如何使开发和测试更加流程化，效率更高。

为了演示，我们将会看到下面 3 个使用场景。

- 使用 Docker 测试一个静态网站。
- 使用 Docker 创建并测试一个 Web 应用。
- 将 Docker 用于持续集成。

注意

作者使用持续集成环境的经验大都基于 Jenkins，因此本书里使用 Jenkins 作为持续集成环境的例子。读者可以把这几节所讲的思想应用到任何持续集成平台中。

在前两个使用场景中，我们将主要关注以本地开发者为主的开发和测试，而在最后一个使用场景里，我们会看到如何在更广泛的多人开发中将 Docker 用于构建和测试。

本章将介绍如何将使用 Docker 作为每日生活和工作流程的一部分，包括如何连接不同的容器等有用的概念。本章会包含很多有用的信息，告诉读者通常如何运行和管理 Docker。所以，即便读者并不关心上述使用场景，作者也推荐读者能阅读本章。

5.1 使用 Docker 测试静态网站

将 Docker 作为本地 Web 开发环境是 Docker 的一个最简单的应用场景。这样的环境可以完全复制生产环境，并确保用户开发的东西在生产环境中也能运行。下面从将 Nginx Web

服务器安装到容器来架构一个简单的网站开始。这个网站暂且命名为 Sample。

5.1.1　Sample 网站的初始 `Dockerfile`

为了完成网站开发，从这个简单的 `Dockerfile` 开始。先来创建一个目录，保存 `Dockerfile`，如代码清单 5-1 所示。

代码清单 5-1　为 Nginx `Dockerfile` 创建一个目录

```
$ mkdir sample
$ cd sample
$ touch Dockerfile
```

现在还需要一些 Nginx 配置文件，才能运行这个网站。首先在这个示例所在的目录里创建一个名为 nginx 的目录，用来存放这些配置文件。然后我们可以从 GitHub 上下载作者准备好的示例文件，如代码清单 5-2 所示。

代码清单 5-2　获取 Nginx 配置文件

```
$ mkdir nginx && cd nginx
$ wget https://raw.githubusercontent.com/jamtur01/dockerbook-code
  /master/code/5/sample/nginx/global.conf
$ wget https://raw.githubusercontent.com/jamtur01/dockerbook-code
  /master/code/5/sample/nginx/nginx.conf
$ cd ..
```

现在看一下我们将要为 Sample 网站创建的 `Dockerfile`，如代码清单 5-3 所示。

代码清单 5-3　网站测试的基本 `Dockerfile`

```
FROM ubuntu:14.04
MAINTAINER James Turnbull "james@example.com"
ENV REFRESHED_AT 2014-06-01
RUN apt-get -yqq update && apt-get -yqq install nginx
RUN mkdir -p /var/www/html/website
ADD nginx/global.conf /etc/nginx/conf.d/
ADD nginx/nginx.conf /etc/nginx/nginx.conf
EXPOSE 80
```

这个简单的 Dockerfile 内容包括以下几项。

- 安装 Nginx。
- 在容器中创建一个目录/var/www/html/website/。
- 将来自我们下载的本地文件的 Nginx 配置文件添加到镜像中。
- 公开镜像的 80 端口。

这个 Nginx 配置文件是为了运行 Sample 网站而配置的。将文件 nginx/global.conf 用 ADD 指令复制到/etc/nginx/conf.d/目录中。配置文件 global.conf 的内容如代码清单 5-4 所示。

代码清单 5-4 global.conf 文件

```
server {
        listen          0.0.0.0:80;
        server_name     _;

        root            /var/www/html/website;
        index           index.html index.htm;

        access_log      /var/log/nginx/default_access.log;
        error_log       /var/log/nginx/default_error.log;
}
```

这个文件将 Nginx 设置为监听 80 端口，并将网络服务的根路径设置为/var/www/html/website，这个目录是我们用 RUN 指令创建的。

我们还需要将 Nginx 配置为非守护进程的模式，这样可以让 Nginx 在 Docker 容器里工作。将文件 nginx/nginx.conf 复制到/etc/nginx 目录就可以达到这个目的，nginx.conf 文件的内容如代码清单 5-5 所示。

代码清单 5-5 nginx.conf 配置文件

```
user www-data;
worker_processes 4;
pid /run/nginx.pid;
daemon off;


events {  }
```

```
http {
  sendfile on;
  tcp_nopush on;
  tcp_nodelay on;
  keepalive_timeout 65;
  types_hash_max_size 2048;
  include /etc/nginx/mime.types;
  default_type application/octet-stream;
  access_log /var/log/nginx/access.log;
  error_log /var/log/nginx/error.log;
  gzip on;
  gzip_disable "msie6";
  include /etc/nginx/conf.d/*.conf;
}
```

在这个配置文件里，`daemon off;`选项阻止 Nginx 进入后台，强制其在前台运行。这是因为要想保持 Docker 容器的活跃状态，需要其中运行的进程不能中断。默认情况下，Nginx 会以守护进程的方式启动，这会导致容器只是短暂运行，在守护进程被 fork 启动后，发起守护进程的原始进程就会退出，这时容器就停止运行了。

这个文件通过 `ADD` 指令复制到`/etc/nginx/nginx.conf`。

读者应该注意到了两个 `ADD` 指令的目标有细微的差别。第一个指令以目录`/etc/nginx/conf.d/`结束，而第二个指令指定了文件`/etc/nginx/nginx.conf`。将文件复制到 Docker 镜像时，这两种风格都是可以用的。

注意

读者可以在本书的代码网站[①]或者 **Docker Book** 网站[②]里找到所有的代码和示例配置文件。读者需要下载或者复制粘贴 `nginx.conf` 和 `global.conf` 配置文件到之前创建的 `nginx` 目录里，保证其可以用于 `docker build` 命令。

5.1.2　构建 Sample 网站和 Nginx 镜像

利用之前的 `Dockerfile`，可以用 `docker build` 命令构建出新的镜像，并将这个镜

---

① http://www.dockerbook.com/code/index.html
② https://github.com/jamtur01/dockerbook-code

像命名为 jamtur01/nginx，如代码清单 5-6 所示。

代码清单 5-6　构建新的 Nginx 镜像

```
$ sudo docker build -t jamtur01/nginx .
```

这将构建并命名一个新镜像。下面来看看构建的执行步骤。使用 docker history 命令查看构建新镜像的步骤和层级，如代码清单 5-7 所示。

代码清单 5-7　展示 Nginx 镜像的构建历史

```
$ sudo docker history jamtur01/nginx
IMAGE          CREATED     CREATED BY
                                      SIZE
f99cb0a6726d 7 secs ago /bin/sh -c #(nop) EXPOSE 80/tcp
             0 B
d0741c80034e 7 secs ago /bin/sh -c #(nop) ADD file:
 d6698a182fafaf3cb0 415 B
f1b8d3ab6b4f 8 secs ago /bin/sh -c #(nop) ADD file:9778
 ae1b43896011cc 286 B
4e88da941d2b About a min /bin/sh -c mkdir -p /var/www/html/
 website    0 B
1224c6db31b7 About a min /bin/sh -c apt-get -yqq update && apt-
 get -yq 39.32 MB
2cfbed445367 About a min /bin/sh -c #(nop) ENV REFRESHED_AT=2014-
 06-01 0 B
6b5e0485e5fa About a min /bin/sh -c #(nop) MAINTAINER James
 Turnbull " 0 B
91e54dfb1179 2 days ago /bin/sh -c #(nop) CMD ["/bin/bash"]
             0 B
d74508fb6632 2 days ago /bin/sh -c sed -i 's/^#\s*\(deb.*
 universe\)$/ 1.895 kB
c22013c84729 2 days ago /bin/sh -c echo '#!/bin/sh' > /usr/sbin/
 polic 194.5 kB
d3a1f33e8a5a 2 days ago /bin/sh -c #(nop) ADD file:5
 a3f9e9ab88e725d60 188.2 MB
```

history 命令从新构建的 jamtur01/nginx 镜像的最后一层开始，追溯到最开始的父镜像 ubuntu:14.04。这个命令也展示了每步之间创建的新层，以及创建这个层所使用的 Dockerfile 里的指令。

5.1.3　从 Sample 网站和 Nginx 镜像构建容器

现在可以使用 jamtur01/nginx 镜像，并开始从这个镜像构建可以用来测试 Sample 网站的容器。为此，需要添加 Sample 网站的代码。现在下载这段代码到 sample 目录，如代码清单 5-8 所示。

代码清单 5-8　下载 Sample 网站

```
$ mkdir website && cd website
$ wget https://raw.githubusercontent.com/jamtur01/dockerbook-code
  /master/code/5/sample/website/index.html
$ cd..
```

这将在 sample 目录中创建一个名为 website 的目录，然后为 Sample 网站下载 index.html 文件，放到 website 目录中。

现在来看看如何使用 docker run 命令来运行一个容器，如代码清单 5-9 所示。

代码清单 5-9　构建第一个 Nginx 测试容器

```
$ sudo docker run -d -p 80 --name website \
-v $PWD/website:/var/www/html/website \
jamtur01/nginx nginx
```

> **注意**
>
> 可以看到，在执行 docker run 时传入了 nginx 作为容器的启动命令。一般情况下，这个命令无法让 Nginx 以交互的方式运行。我们已经在提供给 Docker 的配置里加入了指令 daemon off，这个指令让 Nginx 启动后以交互的方式在前台运行。

可以看到，我们使用 docker run 命令从 jamtur01/nginx 镜像创建了一个名为 website 的容器。读者已经见过了大部分选项，不过-v 选项是新的。-v 这个选项允许我们将宿主机的目录作为卷，挂载到容器里。

现在稍微偏题一下，我们来关注一下卷这个概念。卷在 Docker 里非常重要，也很有用。卷是在一个或者多个容器内被选定的目录，可以绕过分层的联合文件系统（Union File System），为 Docker 提供持久数据或者共享数据。这意味着对卷的修改会直接生效，并绕过镜像。当提交或者创建镜像时，卷不被包含在镜像里。

> **提示**
>
> 卷可以在容器间共享。即便容器停止，卷里的内容依旧存在。在后面的章节会看到如何使用卷来管理数据。

回到刚才的例子。当我们因为某些原因不想把应用或者代码构建到镜像中时，就体现出卷的价值了。例如：

- 希望同时对代码做开发和测试；
- 代码改动很频繁，不想在开发过程中重构镜像；
- 希望在多个容器间共享代码。

-v 选项通过指定一个目录或者登上与容器上与该目录分离的本地宿主机来工作，这两个目录用:分隔。如果容器目录不存在，Docker 会自动创建一个。

也可以通过在目录后面加上 rw 或者 ro 来指定容器内目录的读写状态，如代码清单 5-10 所示。

代码清单 5-10　控制卷的写状态

```
$ sudo docker run -d -p 80 --name website \
-v $PWD/website:/var/www/html/website:ro \
jamtur01/nginx nginx
```

这将使目的目录/var/www/html/website 变成只读状态。

在 Nginx 网站容器里，我们通过卷将$PWD/website 挂载到容器的/var/www/html/website 目录，顺利挂载了正在开发的本地网站。在 Nginx 配置里（在配置文件/etc/nginx/conf.d/global.conf 中），已经指定了这个目录为 Nginx 服务器的工作目录。

> **提示**
>
> 这里使用的 website 目录包含在本书的源代码中[①]以及 GitHub[②]上。读者可以在对应的目录里看到刚刚下载的 index.html 文件。

---

① http://dockerbook.com/code/5/website/
② https://github.com/jamtur01/dockerbook-code/tree/master/code/5/website

现在，如果使用 docker ps 命令查看正在运行的容器，可以看到名为 website 的容器正处于活跃状态，容器的 80 端口被映射到宿主机的 49161 端口，如代码清单 5-11 所示。

代码清单 5-11   查看 Sample 网站容器

```
$ sudo docker ps -1
CONTAINER ID  IMAGE                  ... PORTS              NAMES
6751b94bb5c0  jamtur01/nginx:latest ... 0.0.0.0:49161->80/tcp  website
```

如果在 Docker 的宿主机上浏览 49161 端口，就会看到图 5-1 所示的 Sample 网站。

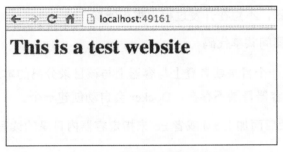

图 5-1   浏览 Sample 网站

> **提示**
>
> 记住，如果用户在使用 BootDocker 或者 Docker Toolbox，需要注意这两个工具都会在本地创建一个虚拟机，这个虚拟机具有自己独立的网络接口和 IP 地址。需要连接到虚拟机的地址，而不是 localhost 或者用户的本地主机的 IP 地址。在第 2 章讨论安装 Docker 的时候，我们也曾讨论过更多细节。

5.1.4   修改网站

我们已经得到了一个可以工作的网站！现在，如果要修改网站，该怎么办？可以直接打开本地宿主机的 website 目录下的 index.html 文件并修改，如代码清单 5-12 所示。

代码清单 5-12   修改 Sample 网站

```
$ vi $PWD/website/index.html
```

我们把代码清单 5-13 所示的原来的标题改为代码清单 5-14 所示的新标题。

代码清单 5-13　原来的标题

```
This is a test website
```

代码清单 5-14　新标题

```
This is a test website for Docker
```

刷新一下浏览器，看看现在的网站是什么样的，如图 5-2 所示。

图 5-2　浏览修改后的 Sample 网站

可以看到，Sample 网站已经更新了。显然这个修改太简单了，不过可以看出，更复杂的修改也并不困难。更重要的是，正在测试网站的运行环境，完全是生产环境里的真实状态。现在可以给每个用于生产的网站服务环境（如 Apache、Nginx）配置一个容器，给不同开发框架的运行环境（如 PHP 或者 Ruby on Rails）配置一个容器，或者给后端数据库配置一个容器，等等。

5.2　使用 Docker 构建并测试 Web 应用程序

现在来看一个更复杂的例子，测试一个更大的 Web 应用程序。我们将要测试一个基于 Sinatra 的 Web 应用程序，而不是静态网站，然后我们将基于 Docker 来对这个应用进行测试。Sinatra 是一个基于 Ruby 的 Web 应用框架，它包含一个 Web 应用库，以及简单的领域专用语言（即 DSL）来构建 Web 应用程序。与其他复杂的 Web 应用框架（如 Ruby on Rails）不同，Sinatra 并不遵循 MVC 模式，而关注于让开发者创建快速、简单的 Web 应用。

因此，Sinatra 非常适合用来创建一个小型的示例应用进行测试。在这个例子里，我们将创建一个应用程序，它接收输入的 URL 参数，并以 JSON 散列的结构输出到客户端。通过这个例子，我们也将展示一下如何将 Docker 容器链接起来。

5.2.1　构建 Sinatra 应用程序

我们先来创建一个 sinatra 目录，用来存放应用程序的代码，以及构建时我们所需的所有相关文件，如代码清单 5-15 所示。

代码清单 5-15   为测试 Web 应用程序创建目录

```
$ mkdir -p sinatra
$ cd sinatra
```

在 sinatra 目录下，让我们从 Dockerfile 开始，构建一个基础镜像，并用这个镜像来开发 Sinatra Web 应用程序，如代码清单 5-16 所示。

代码清单 5-16   测试用 Web 应用程序的 Dockerfile

```
FROM ubuntu:14.04
MAINTAINER James Turnbull "james@example.com"
ENV REFRESHED_AT 2014-06-01

RUN apt-get update -yqq && apt-get -yqq install ruby ruby-dev
  build-essential redis-tools
RUN gem install --no-rdoc --no-ri sinatra json redis

RUN mkdir -p /opt/webapp

EXPOSE 4567

CMD [ "/opt/webapp/bin/webapp" ]
```

可以看到，我们已经创建了另一个基于 Ubuntu 的镜像，安装了 Ruby 和 RubyGem，并且使用 gem 命令安装了 sinatra、json 和 redis gem。sinatra 是 Sinatra 的库，json 用来提供对 JSON 的支持。redis gem 在后面会用到，用来和 Redis 数据库进行集成。

我们已经创建了一个目录来存放新的 Web 应用程序，并公开了 WEBrick 的默认端口 4567。

最后，使用 CMD 指定/opt/webapp/bin/webapp 作为 Web 应用程序的启动文件。

现在使用 docker build 命令来构建新的镜像，如代码清单 5-17 所示。

代码清单 5-17   构建新的 Sinatra 镜像

```
$ sudo docker build -t jamtur01/sinatra .
```

5.2.2 创建 Sinatra 容器

我们已经创建了镜像，现在让我们下载 Sinatra Web 应用程序的源代码。这份代码可以在本书的官网①或 Docker Book 网站②找到。这个应用程序在 webapp 目录下，由 bin 和 lib 两个目录组成。

现在将其下载到 sinatra 目录中，如代码清单 5-18 所示。

代码清单 5-18　下载 Sinatra Web 应用程序

```
$ cd sinatra
$ wget --cut-dirs=3 -nH -r --reject Dockerfile,index.html --no-
  parent http://dockerbook.com/code/5/sinatra/webapp/
$ ls -l webapp
. . .
```

下面我们就来快速浏览一下 webapp 源代码的核心，其源代码保存在 sinatra/webapp/lib/app.rb 文件中，如代码清单 5-19 所示。

代码清单 5-19　Sinatra app.rb 源代码

```ruby
require "rubygems"
require "sinatra"
require "json"

class App < Sinatra::Application

  set :bind, '0.0.0.0'

  get '/' do
    "<h1>DockerBook Test Sinatra app</h1>"
  end

  post '/json/?' do
    params.to_json
  end
end
```

---

① http://dockerbook.com/code/5/sinatra/webapp/
② https://github.com/jamtur01/dockerbook-code

可以看到,这个程序很简单,所有访问/json 端点的 POST 请求参数都会被转换为 JSON 的格式后输出。

这里还要使用 chmod 命令保证 webapp/bin/webapp 这个文件可以执行,如代码清单 5-20 所示。

代码清单 5-20　确保 webapp/bin/webapp 可以执行

```
$ chmod +x webapp/bin/webapp
```

现在我们就可以基于我们的镜像,通过 docker run 命令启动一个新容器。要启动容器,我们需要在 sinatra 目录下,因为我们需要将这个目录下的源代码通过卷挂载到容器中去,如代码清单 5-21 所示。

代码清单 5-21　启动第一个 Sinatra 容器

```
$ sudo docker run -d -p 4567 --name webapp \
-v $PWD/webapp:/opt/webapp jamtur01/sinatra
```

这里从 jamtur01/sinatra 镜像创建了一个新的名为 webapp 的容器。指定了一个新卷,使用存放新 Sinatra Web 应用程序的 webapp 目录,并将这个卷挂载到在 Dockerfile 里创建的目录/opt/webapp。

我们没有在命令行中指定要运行的命令,而是使用在镜像的 Dockerfile 中 CMD 指令设置的命令,如代码清单 5-22 所示。

代码清单 5-22　Dockerfile 中的 CMD 指令

```
. . .
CMD [ "/opt/webapp/bin/webapp" ]
. . .
```

从这个镜像启动容器时,将会执行这一命令。

也可以使用 docker logs 命令查看被执行的命令都输出了什么,如代码清单 5-23 所示。

代码清单 5-23　检查 Sinatra 容器的日志

```
$ sudo docker logs webapp
[2013-08-05 02:22:14] INFO  WEBrick 1.3.1
[2013-08-05 02:22:14] INFO  ruby 1.8.7 (2011-06-30) [x86_64-linux]
```

```
== Sinatra/1.4.3 has taken the stage on 4567 for development with
   backup from WEBrick
[2013-08-05 02:22:14] INFO  WEBrick::HTTPServer#start: pid=1 port=4567
```

运行 `docker logs` 命令时加上 `-f` 标志可以达到与执行 `tail -f` 命令一样的效果——持续输出容器的 `STDERR` 和 `STDOUT` 里的内容，如代码清单 5-24 所示。

代码清单 5-24　跟踪 Sinatra 容器的日志

```
$ sudo docker logs -f webapp
. . .
```

可以使用 `docker top` 命令查看 Docker 容器里正在运行的进程，如代码清单 5-25 所示。

代码清单 5-25　使用 docker top 来列出 Sinatra 进程

```
$ sudo docker top webapp
UID  PID    PPID   C  STIME TTY  TIME      CMD
root 21506  15332  0  20:26 ?    00:00:00  /usr/bin/ruby /opt/
  webapp/bin/webapp
```

从这一日志可以看出，容器中已经启动了 Sinatra，而且 WEBrick 服务进程正在监听 `4567` 端口，等待测试。先查看一下这个端口映射到本地宿主机的哪个端口，如代码清单 5-26 所示。

代码清单 5-26　检查 Sinatra 的端口映射

```
$ sudo docker port webapp 4567
0.0.0.0:49160
```

目前，Sinatra 应用还很基础，没做什么。它只是接收输入参数，并将输入转化为 JSON 输出。现在可以使用 `curl` 命令来测试这个应用程序了，如代码清单 5-27 所示。

代码清单 5-27　测试 Sinatra 应用程序

```
$ curl -i -H 'Accept: application/json' \
-d 'name=Foo&status=Bar' http://localhost:49160/json
HTTP/1.1 200 OK
X-Content-Type-Options: nosniff
Content-Length: 29
X-Frame-Options: SAMEORIGIN
Connection: Keep-Alive
```

```
Date: Mon, 05 Aug 2013 02:22:21 GMT
Content-Type: text/html;charset=utf-8
Server: WEBrick/1.3.1 (Ruby/1.8.7/2011-06-30)
X-Xss-Protection: 1; mode=block
{"name":"Foo","status":"Bar"}
```

可以看到，我们给 Sinatra 应用程序传入了一些 URL 参数，并看到这些参数转化成 JSON
散列后的输出：{"name":"Foo","status":"Bar"}。

成功！然后试试看，我们能不能通过连接到运行在另一个容器里的服务，把当前的示例
应用程序容器扩展为真正的应用程序栈。

5.2.3   扩展 Sinatra 应用程序来使用 Redis

现在我们将要扩展 Sinatra 应用程序，加入 Redis 后端数据库，并在 Redis 数据库中存储
输入的 URL 参数。为了达到这个目的，我们要下载一个新版本的 Sinatra 应用程序。我们还
将创建一个运行 Redis 数据库的镜像和容器。之后，要利用 Docker 的特性来关联两个容器。

1．升级我们的 Sinatra 应用程序

让我们从下载一个升级版的 Sinatra 应用程序开始，这个升级版中增加了连接 Redis 的配
置。在 sinatra 目录中，我们下载了我们这个应用的启用了 Redis 的版本，并保存到一个
新目录 webapp_redis 中，如代码清单 5-28 所示。

代码清单 5-28　　下载升级版的 Sinatra Web 应用程序

```
$ cd sinatra
$ wget --cut-dirs=3 -nH -r --reject Dockerfile,index.html --no-
  parent http://dockerbook.com/code/5/sinatra/webapp_redis/
$ ls -l webapp_redis
...
```

我们看到新应用程序已经下载，现在让我们看一下 lib/app.rb 文件中的核心代码，
如代码清单 5-29 所示。

代码清单 5-29　　app.rb 文件

```
require "rubygems"
require "sinatra"
require "json"
require "redis"
```

```
class App < Sinatra::Application

    redis = Redis.new(:host => 'db', :port => '6379')

    set :bind, '0.0.0.0'

    get '/' do
      "<h1>DockerBook Test Redis-enabled Sinatra app</h1>"
    end

    get '/json' do
      params = redis.get "params"
      params.to_json
    end

    post '/json/?' do
      redis.set "params", [params].to_json
      params.to_json
    end
  end
```

注意

可以在 http://dockerbook.com/code/5/sinatra/webapp_redis/ 或者 Docker Book 网站（https://github.com/jamtur01/dockerbook-code）上获取升级版的启用了 Redis 的 Sinatra 应用程序的完整代码。

我们可以看到新版本的代码和前面的代码几乎一样，只是增加了对 Redis 的支持。我们创建了一个到 Redis 的连接，用来连接名为 db 的宿主机上的 Redis 数据库，端口为 6379。我们在 POST 请求处理中，将 URL 参数保存到了 Redis 数据库中，并在需要的时候通过 GET 请求从中取回这个值。

我们同样需要确保 webapp_redis/bin/webapp 文件在使用之前具备可执行权限，这可以通过 chmod 命令来实现，如代码清单 5-30 所示。

代码清单 5-30　使 webapp_redis/bin/webapp 文件可执行

```
$ chmod +x webapp_redis/bin/webapp
```

2．构建 Redis 数据库镜像

为了构建 Redis 数据库，要创建一个新的镜像。我们需要在 sinatra 目录下创建一个 redis 目录，用来保存构建 Redis 容器所需的所有相关文件，如代码清单 5-31 所示。

代码清单 5-31　为 Redis 容器创建目录

```
$ mkdir -p sinatra/redis
$ cd sinatra/redis
```

在 sinatra/redis 目录中，让我们从 Redis 镜像的另一个 Dockerfile 开始，如代码清单 5-32 所示。

代码清单 5-32　用于 Redis 镜像的 Dockerfile

```
FROM ubuntu:14.04
MAINTAINER James Turnbull "james@example.com"
ENV REFRESHED_AT 2014-06-01
RUN apt-get -yyq update && apt-get -yqq install redis-server
  redis-tools
EXPOSE 6379
ENTRYPOINT [ "/usr/bin/redis-server" ]
CMD []
```

我们在 Dockerfile 里指定了安装 Redis 服务器，公开 6379 端口，并指定了启动 Redis 服务器的 ENTRYPOINT。现在来构建这个镜像，命名为 jamtur01/redis，如代码清单 5-33 所示。

代码清单 5-33　构建 Redis 镜像

```
$ sudo docker build -t jamtur01/redis .
```

现在从这个新镜像构建容器，如代码清单 5-34 所示。

代码清单 5-34　启动 Redis 容器

```
$ sudo docker run -d -p 6379 --name redis jamtur01/redis
0a206261f079
```

可以看到，我们从 jamtur01/redis 镜像启动了一个新的容器，名字是 redis。注意，我们指定了-p 标志来公开 6379 端口。看看这个端口映射到宿主机的哪个端口，如代码清

单 5-35 所示。

代码清单 5-35　检查 Redis 端口

```
$ sudo docker port redis 6379
0.0.0.0:49161
```

Redis 的端口映射到了 49161 端口。试着连接到这个 Redis 实例。

我们需要在本地安装 Redis 客户端做测试。在 Ubuntu 系统上，客户端程序一般在 redis-tools 包里，如代码清单 5-36 所示。

代码清单 5-36　在 Ubuntu 上安装 `redis-tools` 包

```
$ sudo apt-get -y install redis-tools
```

而在 Red Hat 及相关系统上，包名则为 redis，如代码清单 5-37 所示。

代码清单 5-37　在 Red Hat 等上安装 `Redis` 包

```
$ sudo yum install -y -q redis
```

然后，可以使用 redis-cli 命令来确认 Redis 服务器工作是否正常，如代码清单 5-38 所示。

代码清单 5-38　测试 Redis 连接

```
$ redis-cli -h 127.0.0.1 -p 49161
redis 127.0.0.1:49161>
```

这里使用 Redis 客户端连接到 127.0.0.1 的 49161 端口，验证了 Redis 服务器正在正常工作。可以使用 quit 命令来退出 Redis CLI 接口。

5.2.4　将 Sinatra 应用程序连接到 Redis 容器

现在来更新 Sinatra 应用程序，让其连接到 Redis 并存储传入的参数。为此，需要能够与 Redis 服务器对话。要做到这一点，可以用以下几种方法。

- Docker 的内部网络。
- 从 Docker 1.9 及之后的版本开始，可以使用 Docker Networking 以及 docker network 命令。
- Docker 链接。一个可以将具体容器链接到一起来进行通信的抽象层。

那么，我们应该选择哪种方法呢？第一种方法，Docker 的内部网络这种解决方案并不是灵活、强大。我们针对这种方式的讨论，也只是为了介绍 Docker 网络是如何工作的。我们不推荐采用这种方式来连接 Docker 容器。

两种比较现实的连接 Docker 容器的方式是 Docker Networking 和 Docker 链接（Docker link）。具体应该选择哪种方式取决于用户运行的 Docker 的版本。如果用户正在使用 Docker 1.9 或者更新的版本，推荐使用 Docker Networking，如果使用的是 Docker 1.9 之前的版本，应该选择 Docker 链接。

在 Docker Networking 和 Docker 链接之间也有一些区别。这也是我们推荐使用 Docker Networking 而不是链接的原因。

- Docker Networking 可以将容器连接到不同宿主机上的容器。

- 通过 Docker Networking 连接的容器可以在无须更新连接的情况下，对停止、启动或者重启容器。而使用 Docker 链接，则可能需要更新一些配置，或者重启相应的容器来维护 Docker 容器之间的链接。

- 使用 Docker Networking，不必事先创建容器再去连接它。同样，也不必关心容器的运行顺序，读者可以在网络内部获得容器名解析和发现。

在后面几节中，我们将会看到将 Docker 容器连接起来的各种解决方案。

5.2.5　Docker 内部连网

第一种方法涉及 Docker 自己的网络栈。到目前为止，我们看到的 Docker 容器都是公开端口并绑定到本地网络接口的，这样可以把容器里的服务在本地 Docker 宿主机所在的外部网络上（比如，把容器里的 80 端口绑到本地宿主机的更高端口上）公开。除了这种用法，Docker 这个特性还有种用法我们没有见过，那就是内部网络。

在安装 Docker 时，会创建一个新的网络接口，名字是 `docker0`。每个 Docker 容器都会在这个接口上分配一个 IP 地址。来看看目前 Docker 宿主机上这个网络接口的信息，如代码清单 5-39 所示。

> **提示**
>
> Docker 自 1.5.0 版本开始支持 IPv6，要启动这一功能，可以在运行 Docker 守护进程时加上`--ipv6`标志。

代码清单 5-39　docker0 网络接口

```
$ ip a show docker0
4: docker0: <BROADCAST,MULTICAST,UP,LOWER_UP> mtu 1500 qdisc noqueue state UP
    link/ether 06:41:69:71:00:ba brd ff:ff:ff:ff:ff:ff
    inet 172.17.42.1/16 scope global docker0
    inet6 fe80::1cb3:6eff:fee2:2df1/64 scope link
    valid_lft forever preferred_lft forever
. . .
```

可以看到，docker0 接口有符合 RFC1918 的私有 IP 地址，范围是 172.16~172.30。接口本身的地址 172.17.42.1 是这个 Docker 网络的网关地址，也是所有 Docker 容器的网关地址。

> **提示**
>
> Docker 会默认使用 172.17.x.x 作为子网地址，除非已经有别人占用了这个子网。如果这个子网被占用了，Docker 会在 172.16~172.30 这个范围内尝试创建子网。

接口 docker0 是一个虚拟的以太网桥，用于连接容器和本地宿主网络。如果进一步查看 Docker 宿主机的其他网络接口，会发现一系列名字以 veth 开头的接口，如代码清单 5-40 所示。

代码清单 5-40　veth 接口

```
vethec6a  Link encap:Ethernet  HWaddr 86:e1:95:da:e2:5a
          inet6 addr: fe80::84e1:95ff:feda:e25a/64 Scope:Link
. . .
```

Docker 每创建一个容器就会创建一组互联的网络接口。这组接口就像管道的两端（就是说，从一端发送的数据会在另一端接收到）。这组接口其中一端作为容器里的 eth0 接口，而另一端统一命名为类似 vethec6a 这种名字，作为宿主机的一个端口。可以把 veth 接口认为是虚拟网线的一端。这个虚拟网线一端插在名为 docker0 的网桥上，另一端插到容器里。通过把每个 veth*接口绑定到 docker0 网桥，Docker 创建了一个虚拟子网，这个子网由宿主机和所有的 Docker 容器共享。

进入容器里面，看看这个子网管道的另一端，如代码清单 5-41 所示。

代码清单 5-41   容器内的 eth0 接口

```
$ sudo docker run -t -i ubuntu /bin/bash
root@b9107458f16a:/# ip a show eth0
1483: eth0: <BROADCAST,UP,LOWER_UP> mtu 1500 qdisc pfifo_fast
  state UP group default qlen 1000
    link/ether f2:1f:28:de:ee:a7 brd ff:ff:ff:ff:ff:ff
    inet 172.17.0.29/16 scope global eth0
    inet6 fe80::f01f:28ff:fede:eea7/64 scope link
    valid_lft forever preferred_lft forever
```

可以看到，Docker 给容器分配了 IP 地址 172.17.0.29 作为宿主虚拟接口的另一端。这样就能够让宿主网络和容器互相通信了。

让我们从容器内跟踪对外通信的路由，看看是如何建立连接的，如代码清单 5-42 所示。

代码清单 5-42   在容器内跟踪对外的路由

```
root@b9107458f16a:/# apt-get -yqq update && apt-get install -yqq traceroute
. . .
root@b9107458f16a:/# traceroute google.com
traceroute to google.com (74.125.228.78), 30 hops max, 60 byte packets
 1  172.17.42.1 (172.17.42.1)  0.078 ms  0.026 ms  0.024 ms
. . .
15  iad23s07-in-f14.1e100.net (74.125.228.78)  32.272 ms  28.050 ms  25.662
ms
```

可以看到，容器地址后的下一跳是宿主网络上 docker0 接口的网关 IP172.17.42.1。

不过 Docker 网络还有另一个部分配置才能允许建立连接：防火墙规则和 NAT 配置。这些配置允许 Docker 在宿主网络和容器间路由。现在来查看一下宿主机上的 IPTables NAT 配置，如代码清单 5-43 所示。

代码清单 5-43   Docker 的 **iptables** 和 NAT 配置

```
$ sudo iptables -t nat -L -n
Chain PREROUTING (policy ACCEPT)
target  prot opt source        destination
DOCKER  all  --  0.0.0.0/0     0.0.0.0/0      ADDRTYPE match dst-type LOCAL

Chain OUTPUT (policy ACCEPT)
```

```
target   prot opt source        destination
DOCKER   all  --  0.0.0.0/0   !127.0.0.0/8  ADDRTYPE match dst-type LOCAL

Chain POSTROUTING (policy ACCEPT)
target      prot opt source         destination
MASQUERADE all  --  172.17.0.0/16  !172.17.0.0/16

Chain DOCKER (2 references)
target   prot opt source        destination
DNAT     tcp  --  0.0.0.0/0  0.0.0.0/0     tcp dpt:49161 to:172.17.0.18:6379
```

这里有几个值得注意的 IPTables 规则。首先，我们注意到，容器默认是无法访问的。从宿主网络与容器通信时，必须明确指定打开的端口。下面我们以 DNAT（即目标 NAT）这个规则为例，这个规则把容器里的访问路由到 Docker 宿主机的 49161 端口。

提示

想了解更多关于 Docker 的高级网络配置，有一篇文章[①]很有用。

Redis 容器的网络

下面我们用 docker inspect 命令来查看新的 Redis 容器的网络配置，如代码清单 5-44 所示。

代码清单 5-44　Redis 容器的网络配置

```
$ sudo docker inspect redis
...
    "NetworkSettings": {
        "Bridge": "docker0",
        "Gateway": "172.17.42.1",
        "IPAddress": "172.17.0.18",
        "IPPrefixLen": 16,
        "PortMapping": null,
        "Ports": {
            "6379/tcp": [
                {
                    "HostIp": "0.0.0.0",
```

①　https://docs.docker.com/articles/networking/

```
                    "HostPort": "49161"
                }
            ]
        }
    },
...
```

docker inspect 命令展示了 Docker 容器的细节，这些细节包括配置信息和网络状况。为了清晰，这个例子去掉了大部分信息，只展示了网络配置。也可以在命令里使用 -f 标志，只获取 IP 地址，如代码清单 5-45 所示。

代码清单 5-45   查看 Redis 容器的 IP 地址

```
$ sudo docker inspect -f '{{ .NetworkSettings.IPAddress }}' redis
172.17.0.18
```

通过运行 docker inspect 命令可以看到，容器的 IP 地址为 172.17.0.18，并使用了 docker0 接口作为网关地址。还可以看到 6379 端口被映射到本地宿主机的 49161 端口。只是，因为运行在本地的 Docker 宿主机上，所以不是一定要用映射后的端口，也可以直接使用 172.17.0.18 地址与 Redis 服务器的 6379 端口通信，如代码清单 5-46 所示。

代码清单 5-46   直接与 Redis 容器通信

```
$ redis-cli -h 172.17.0.18
redis 172.17.0.18:6379>
```

在确认完可以连接到 Redis 服务之后，可以使用 quit 命令退出 Redis 接口。

注意

Docker 默认会把公开的端口绑定到所有的网络接口上。因此，也可以通过 localhost 或者 127.0.0.1 来访问 Redis 服务器。

因此，虽然第一眼看上去这是让容器互联的一个好方案，但可惜的是，这种方法有两个大问题：第一，要在应用程序里对 Redis 容器的 IP 地址做硬编码；第二，如果重启容器，Docker 会改变容器的 IP 地址。现在用 docker restart 命令来看看地址的变化，如代码清单 5-47 所示。（如果使用 docker kill 命令杀死容器再重启，也会得到同样的结果。）

代码清单 5-47   重启 Redis 容器

```
$ sudo docker restart redis
```

让我们查看一下容器的 IP 地址，如代码清单 5-48 所示。

代码清单 5-48　查找重启后 Redis 容器的 IP 地址

```
$ sudo docker inspect -f '{{ .NetworkSettings.IPAddress }}' redis
172.17.0.19
```

可以看到，Redis 容器有了新的 IP 地址 `172.17.0.19`，这就意味着，如果在 Sinatra 应用程序里硬编码了原来的地址，那么现在就无法让应用程序连接到 Redis 数据库了。这可不那么好用。

谢天谢地，从 Docker 1.9 开始，Docker 连网已经灵活得多。让我们来看一下，如何用新的连网框架连接容器。

5.2.6　Docker Networking

容器之间的连接用网络创建，这被称为 Docker Networking，也是 Docker 1.9 发布版本中的一个新特性。Docker Networking 允许用户创建自己的网络，容器可以通过这个网上互相通信。实质上，Docker Networking 以新的用户管理的网络补充了现有的 docker0。更重要的是，现在容器可以跨越不同的宿主机来通信，并且网络配置可以更灵活地定制。Docker Networking 也和 Docker Compose 以及 Swarm 进行了集成，第 7 章将对 Docker Compose 和 Swarm 进行介绍。

> **注意**
>
> Docker Networking 支持也是可插拔的，也就是说可以增加网络驱动以支持来自不同网络设备提供商（如 Cisco 和 VMware）的特定拓扑和网络框架。

下面我们就来看一个简单的例子，启动前面的 Docker 链接例子中使用的 Web 应用程序以及 Redis 容器。要想使用 Docker 网络，需要先创建一个网络，然后在这个网络下启动容器，如代码清单 5-49 所示。

代码清单 5-49　创建 Docker 网络

```
$ sudo docker network create app
ec8bc3a70094a1ac3179b232bc185fcda120dad85dec394e6b5b01f7006476d4
```

这里用 `docker network` 命令创建了一个桥接网络，命名为 app，这个命令返回新创建的网络的网络 ID。

然后可以用 docker network inspect 命令查看新创建的这个网络，如代码清单 5-50 所示。

代码清单 5-50 查看 app 网络

```
$ sudo docker network inspect app
[
  {
    "Name": "app",
    "Id": "
    ec8bc3a70094a1ac3179b232bc185fcda120dad85dec394e6b5b01f7006476d4
    ",
    "Scope": "local",
    "Driver": "bridge",
    "IPAM": {
      "Driver": "default",
      "Config": [
        {}
      ]
    },
    "Containers": {},
    "Options": {}
  }
]
```

我们可以看到这个新网络是一个本地的桥接网络（这非常像 docker0 网络），而且现在还没有容器在这个网络中运行。

> **提示**
>
> 除了运行于单个主机之上的桥接网络，我们也可以创建一个 overlay 网络，overlay 网络允许我们跨多台宿主机进行通信。可以在 Docker 多宿主机网络文档[①]中获取更多关于 overlay 网络的信息。

可以使用 docker network ls 命令列出当前系统中的所有网络，如代码清单 5-51 所示。

[①] https://docs.docker.com/engine/userguide/networking/get-started-overlay/

代码清单 5-51　docker network ls 命令

```
$ sudo docker network ls
NETWORK ID          NAME               DRIVER
a74047bace7e        bridge             bridge
ec8bc3a70094        app                bridge
8f0d4282ca79        none               null
7c8cd5d23ad5        host               host
```

也可以使用 docker network rm 命令删除一个 Docker 网络。下面我们先从启动 Redis 容器开始，在之前创建的 app 网络中添加一些容器，如代码清单 5-52 所示。

代码清单 5-52　在 Docker 网络中创建 Redis 容器

```
$ sudo docker run -d --net=app --name db jamtur01/redis
```

这里我们基于 jamtur01/redis 镜像创建了一个名为 db 的新容器。我们同时指定了一个新的标志--net，--net 标志指定了新容器将会在哪个网络中运行。

这时，如果再次运行 docker network inspect 命令，将会看到这个网络更详细的信息，如代码清单 5-53 所示。

代码清单 5-53　更新后的 app 网络

```
$ sudo docker network inspect app
[
    {
        "Name": "app",
        "Id": "
         ec8bc3a70094a1ac3179b232bc185fcda120dad85dec394e6b5b01f7006476d4
        ",
        "Scope": "local",
        "Driver": "bridge",
        "IPAM": {
            "Driver": "default",
            "Config": [
                {}
            ]
        },
        "Containers": {
            "9
```

```
        a5ac1aa39d84a1678b51c26525bda2b89fb9a837f03c871441aec645958fe73
        ": {
          "EndpointID": "21
            a90395cb5a2c2868aaa77e05f0dd06a4ad161e13e99ed666741dc0219174ef
            ",
          "MacAddress": "02:42:ac:12:00:02",
          "IPv4Address": "172.18.0.2/16",
          "IPv6Address": ""
        }
      },
      "Options": {}
    }
]
```

现在在这个网络中，我们可以看到一个容器，它有一个 MAC 地址，并且 IP 地址为 172.18.0.2。

接着，我们再在我们创建的网络下增加一个运行启用了 Redis 的 Sinatra 应用程序的容器，要做到这一点，需要先回到 sinatra/webapp 目录下，如代码清单 5-54 所示。

代码清单 5-54   链接 Redis 容器

```
$ cd sinatra/webapp
$ sudo docker run -p 4567 \
--net=app --name webapp -t -i \
-v $PWD/webapp:/opt/webapp jamtur01/sinatra \
/bin/bash
root@305c5f27dbd1:/#
```

注意

这是启用了 Redis 的 Sinatra 应用程序，我们在前面 Docker 链接的例子中用过。其代码可以从 http://dockerbook.com/code/5/sinatra/webapp_redis/或者 Docker Book 网站[①]获取。

我们在 app 网络下启动了一个名为 webapp 的容器。我们以交互的方式启动了这个容器，以便我们可以进入里面看看它内部发生了什么。

———————————

① https://github.com/jamtur01/dockerbook-code

　　由于这个容器是在 app 网络内部启动的，因此 Docker 将会感知到所有在这个网络下运行的容器，并且通过/etc/hosts 文件将这些容器的地址保存到本地 DNS 中。我们就在 webapp 容器中看看这些信息，如代码清单 5-55 所示。

代码清单 5-55　webapp 容器的/etc/hosts 文件

```
cat /etc/hosts
172.18.0.3      305c5f27dbd1
127.0.0.1       localhost
. . .
172.18.0.2      db
172.18.0.2      db.app
```

　　我们可以看到/etc/hosts 文件包含了 webapp 容器的 IP 地址，以及一条 localhost 记录。同时，该文件还包含两条关于 db 容器的记录。第一条是 db 容器的主机名和 IP 地址 172.18.0.2。第二条记录则将 app 网络名作为域名后缀添加到主机名后面，app 网络内部的任何主机都可以使用 hostname.app 的形式来被解析，这个例子里是 db.app。下面我们就来试试，如代码清单 5-56 所示。

代码清单 5-56　Pinging db.app

```
$ ping db.app
PING db.app (172.18.0.2) 56(84) bytes of data.
64 bytes from db (172.18.0.2): icmp_seq=1 ttl=64 time=0.290 ms
64 bytes from db (172.18.0.2): icmp_seq=2 ttl=64 time=0.082 ms
64 bytes from db (172.18.0.2): icmp_seq=3 ttl=64 time=0.111 ms
. . .
```

　　但是，在这个例子里，我们只需要 db 条目就可以让我们的应用程序正常工作了，我们的 Redis 连接代码里使用的也是 db 这个主机名，如代码清单 5-57 所示。

代码清单 5-57　代码中指定的 Redis DB 主机名

```
redis = Redis.new(:host => 'db', :port => '6379')
```

　　现在，就可以启动我们的应用程序，并且让 Sinatra 应用程序通过 db 和 webapp 两个容器间的连接，将接收到的参数写入 Redis 中，db 和 webapp 容器间的连接也是通过 app 网络建立的。重要的是，如果任何一个容器重启了，那么它们的 IP 地址信息则会自动在/etc/hosts 文件中更新。也就是说，对底层容器的修改并不会对我们的应用程序正常工作产生影响。

让我们在容器内启动我们的应用程序，如代码清单 5-58 所示。

代码清单 5-58   启动启用了 Redis 的 Sinatra 应用程序

```
root@305c5f27dbd1:/# nohup /opt/webapp/bin/webapp &
nohup: ignoring input and appending output to 'nohup.out'
```

这里我们以后台运行的方式启动了这个 Sinatra 应用程序，下面我们就来检查一下我们的 Sinatra 容器为这个应用程序绑定了哪个端口，如代码清单 5-59 所示。

代码清单 5-59   检查 Sinatra 容器的端口映射情况

```
$ sudo docker port webapp 4567
0.0.0.0:49161
```

很好，我们看到容器中的 4567 端口被绑定到了宿主机上的 49161 端口。让我们利用这些信息在 Docker 宿主机上，通过 curl 命令来测试一下我们的应用程序，如代码清单 5-60 所示。

代码清单 5-60   测试启用了 Redis 的 Sinatra 应用程序

```
$ curl -i -H 'Accept: application/json' \
-d 'name=Foo&status=Bar' http://localhost:49161/json
HTTP/1.1 200 OK
X-Content-Type-Options: nosniff
Content-Length: 29
X-Frame-Options: SAMEORIGIN
Connection: Keep-Alive
Date: Mon, 01 Jun 2014 02:22:21 GMT
Content-Type: text/html;charset=utf-8
Server: WEBrick/1.3.1 (Ruby/1.8.7/2011-06-30)
X-Xss-Protection: 1; mode=block
{"name":"Foo","status":"Bar"}
```

接着我们再来确认一下 Redis 实例是否已经接收到了这次更新，如代码清单 5-61 所示。

代码清单 5-61   确认 Redis 容器数据

```
$ curl -i http://localhost:49161/json
"[{\"name\":\"Foo\",\"status\":\"Bar\"}]"
```

我们连接到了已经连接到 Redis 的应用程序，然后检查了一下是否存在一个名为 params 的键，并查询这个键，看我们的参数（name=Foo 和 status=Bar）是否已经保存到 Redis 中。一切工作正常。

1. 将已有容器连接到 Docker 网络

也可以将正在运行的容器通过 docker network connect 命令添加到已有的网络中。因此，我们可以将已经存在的容器添加到 app 网络中。假设已经存在的容器名为 db2，这个容器里也运行着 Redis，让我们将这个容器添加到 app 网络中去，如代码清单 5-62 所示。

代码清单 5-62　添加已有容器到 app 网络

```
$ sudo docker network connect app db2
```

现在如果查看 app 网络的详细信息，应该会看到 3 个容器，如代码清单 5-63 所示。

代码清单 5-63　添加 db2 容器后的 app 网络

```
$ sudo docker network inspect app
...
    "Containers": {
      "2
        fa7477c58d7707ea14d147f0f12311bb1f77104e49db55ac346d0ae961ac401
      ": {
        "EndpointID": "
         c510c78af496fb88f1b455573d4c4d7fdfc024d364689a057b98ea20287bfc0d
         ",
        "MacAddress": "02:42:ac:12:00:02",
        "IPv4Address": "172.18.0.2/16",
        "IPv6Address": ""
      },
      "305
        c5f27dbd11773378f93aa58e86b2f710dbfca9867320f82983fc6ba79e779
      ": {
        "EndpointID": "37
          be9b06f031fcc389e98d495c71c7ab31eb57706ac8b26d4210b81d5c687282
         ",
        "MacAddress": "02:42:ac:12:00:03",
        "IPv4Address": "172.18.0.3/16",
        "IPv6Address": ""
```

```
    },
    "70
      df5744df3b46276672fb49f1ebad5e0e95364737334e188a474ef4140ae56b
    ": {
      "EndpointID": "47
        faec311dfac22f2ee8c1b874b87ce8987ee65505251366d4b9db422a749a1e
        ",
      "MacAddress": "02:42:ac:12:00:04",
      "IPv4Address": "172.18.0.4/16",
      "IPv6Address": ""
    }
  },
. . .
```

所有这 3 个容器的 /etc/hosts 文件都将会包含 webapp、db 和 db2 容器的 DNS 信息。

我们也可以通过 docker network disconnect 命令断开一个容器与指定网络的链接，如代码清单 5-64 所示。

代码清单 5-64　从网络中断开一个容器

```
$ sudo docker network disconnect app db2
```

这条命令会从 app 网络中断开 db2 容器。

一个容器可以同时隶属于多个 Docker 网络，所以可以创建非常复杂的网络模型。

提示

Docker 官方文档[①]有中很多关于 Docker Networking 的详细信息。

2．通过 Docker 链接连接容器

连接容器的另一种选择就是使用 Docker 链接。在 Docker 1.9 之前，这是首选的容器连接方式，并且只有在运行 1.9 之前版本的情况下才推荐这种方式。让一个容器链接到另一个容器是一个简单的过程，这个过程要引用容器的名字。

考虑到还在使用低于 Docker 1.9 版本的用户，我们来看看 Docker 链接是如何工作的。让我们从新建一个 Redis 容器开始（或者也可以重用之前创建的那个容器），如代码清单 5-65

[①] http://docs.docker.com/engine/userguide/networking/

所示。

代码清单 5-65　启动另一个 Redis 容器

```
$ sudo docker run -d --name redis jamtur01/redis
```

> **提示**
>
> 还记得容器的名字是唯一的吗？如果要重建一个容器，在创建另一个名叫 redis 的容器之前，需要先用 docker rm 命令删掉旧的 redis 容器。

现在我们已经在新容器里启动了一个 Redis 实例，并使用--name 标志将新容器命名为 redis。

> **注意**
>
> 读者也应该注意到了，这里没有公开容器的任何端口。一会儿就能看到这么做的原因。

现在让我们启动 Web 应用程序容器，并把它链接到新的 Redis 容器上去，如代码清单 5-66 所示。

代码清单 5-66　链接 Redis 容器

```
$ sudo docker run -p 4567 \
--name webapp --link redis:db -t -i \
-v $PWD/webapp_redis:/opt/webapp jamtur01/sinatra \
/bin/bash
root@811bd6d588cb:/#
```

> **提示**
>
> 还需要使用 docker rm 命令停止并删除之前的 webapp 容器。

这个命令做了不少事情，我们要逐一解释。首先，我们使用-p 标志公开了 4567 端口，这样就能从外面访问 Web 应用程序。

我们还使用了--name 标志给容器命名为 webapp，并使用了-v 标志把 Web 应用程序目录作为卷挂载到了容器里。

然而，这次我们使用了一个新标志--link。--link 标志创建了两个容器间的客户-服务链接。这个标志需要两个参数：一个是要链接的容器的名字，另一个是链接的别名。这个例子中，我们创建了客户联系，webapp 容器是客户，redis 容器是"服务"，并且为这个服务增加了 db 作为别名。这个别名让我们可以一致地访问容器公开的信息，而无须关注底层容器的名字。链接让服务容器有能力与客户容器通信，并且能分享一些连接细节，这些细节有助于在应用程序中配置并使用这个链接。

连接也能得到一些安全上的好处。注意，启动 Redis 容器时，并没有使用-p 标志公开 Redis 的端口。因为不需要这么做。通过把容器链接在一起，可以让客户容器直接访问任意服务容器的公开端口（即客户 webapp 容器可以连接到服务 redis 容器的 6379 端口）。更妙的是，只有使用--link 标志链接到这个容器的容器才能连接到这个端口。容器的端口不需要对本地宿主机公开，现在我们已经拥有一个非常安全的模型。通过这个安全模型，就可以限制容器化应用程序被攻击面，减少应用暴露的网络。

> **提示**
>
> 如果用户希望，出于安全原因（或者其他原因），可以强制 Docker 只允许有链接的容器之间互相通信。为此，可以在启动 Docker 守护进程时加上--icc=false 标志，关闭所有没有链接的容器间的通信。

也可以把多个容器链接在一起。比如，如果想让这个 Redis 实例服务于多个 Web 应用程序，可以把每个 Web 应用程序的容器和同一个 redis 容器链接在一起，如代码清单 5-67 所示。

代码清单 5-67   链接 Redis 容器

```
$ sudo docker run -p 4567 --name webapp2 --link redis:db ...
. . .
$ sudo docker run -p 4567 --name webapp3 --link redis:db ...
. . .
```

我们也能够指定多次--link 标志来连接到多个容器。

> **提示**
>
> 容器链接目前只能工作于同一台 Docker 宿主机中，不能链接位于不同 Docker 宿主机上的容器。对于多宿主机网络环境，需要使用 Docker Networking，或者使用我们将在第 7 章讨论的 Docker Swarm。Docker Swarm 可以用于完成多台宿主机上的 Docker 守护进程之间的编排。

最后，让容器启动时加载 shell，而不是服务守护进程，这样可以查看容器是如何链接在一起的。Docker 在父容器里的以下两个地方写入了链接信息。

- `/etc/hosts` 文件中。

- 包含连接信息的环境变量中。

先来看看 `/etc/hosts` 文件，如代码清单 5-68 所示。

代码清单 5-68　`webapp` 的 `/etc/hosts` 文件

```
root@811bd6d588cb:/# cat /etc/hosts
172.17.0.33 811bd6d588cb
. . .
172.17.0.31 db b9107458f16a redis
```

这里可以看到一些有用的项。第一项是容器自己的 IP 地址和主机名（主机名是容器 ID 的一部分）。第二项是由该连接指令创建的，它是 `redis` 容器的 IP 地址、名字、容器 ID 和从该连接的别名衍生的主机名 db。现在试着 ping 一下 db 容器，如代码清单 5-69 所示。

> **提示**
>
> 容器的主机名也可以不是其 ID 的一部分。可以在执行 `docker run` 命令时使用 `-h` 或者 `--hostname` 标志来为容器设定主机名。

代码清单 5-69　ping 一下 db 容器

```
root@811bd6d588cb:/# ping db
PING db (172.17.0.31) 56(84) bytes of data.
64 bytes from db (172.17.0.31): icmp_seq=1 ttl=64 time=0.623 ms
64 bytes from db (172.17.0.31): icmp_seq=2 ttl=64 time=0.132 ms
64 bytes from db (172.17.0.31): icmp_seq=3 ttl=64 time=0.095 ms
64 bytes from db (172.17.0.31): icmp_seq=4 ttl=64 time=0.155 ms
. . .
```

如果在运行容器时指定 `--add-host` 选项，也可以在 `/etc/hosts` 文件中添加相应的记录。例如，我们可能想添加运行 Docker 的主机的主机名和 IP 地址到容器中，如代码清单 5-70 所示。

代码清单 5-70　在容器内添加 `/etc/hosts` 记录

```
$ sudo docker run -p 4567 --add-host=docker:10.0.0.1 --name
  webapp2 --link redis:db ...
```

这将会在容器的 `/etc/hosts` 文件中添加一个名为 `docker`、IP 地址为 `10.0.0.1` 的宿主机记录。

提示

还记得之前提到过，重启容器时，容器的 IP 地址会发生变化的事情么？从 Docker 1.3 开始，如果被连接的容器重启了，`/etc/host` 文件中的 IP 地址会用新的 IP 地址更新。

我们已经连到了 Redis 数据库，不过在真的利用这个连接之前，我们先来看看环境变量里包含的其他连接信息。

让我们运行 `env` 命令来查看环境变量，如代码清单 5-71 所示。

代码清单 5-71　显示用于连接的环境变量

```
root@811bd6d588cb:/# env
HOSTNAME=811bd6d588cb
DB_NAME=/webapp/db
DB_PORT_6379_TCP_PORT=6379
DB_PORT=tcp://172.17.0.31:6379
DB_PORT_6379_TCP=tcp://172.17.0.31:6379
DB_ENV_REFRESHED_AT=2014-06-01
DB_PORT_6379_TCP_ADDR=172.17.0.31
DB_PORT_6379_TCP_PROTO=tcp
PATH=/usr/local/sbin:/usr/local/bin:/usr/sbin:/usr/bin:/sbin:/bin
REFRESHED_AT=2014-06-01
. . .
```

可以看到不少环境变量，其中一些以 `DB` 开头。Docker 在连接 `webapp` 和 `redis` 容器时，自动创建了这些以 `DB` 开头的环境变量。以 `DB` 开头是因为 `DB` 是创建连接时使用的别名。

这些自动创建的环境变量包含以下信息：

- 子容器的名字；
- 容器里运行的服务所使用的协议、IP 和端口号；
- 容器里运行的不同服务所指定的协议、IP 和端口号；
- 容器里由 Docker 设置的环境变量的值。

具体的变量会因容器的配置不同而有所不同（如容器的 `Dockerfile` 中由 `ENV` 和 `EXPOSE` 指令定义的内容）。重要的是，这些变量包含一些我们可以在应用程序中用来进行持久的容器间链接的信息。

5.2.7　使用容器连接来通信

那么如何使用这个连接呢？有以下两种方法可以让应用程序连接到 Redis。

- 使用环境变量里的一些连接信息。
- 使用 DNS 和 /etc/hosts 信息。

先试试第一种方法，看看 Web 应用程序的 lib/app.rb 文件是如何利用这些新的环境变量的，如代码清单 5-72 所示。

代码清单 5-72　通过环境变量建立到 Redis 的连接

```
require 'uri'
. . .
uri=URI.parse(ENV['DB_PORT'])
redis = Redis.new(:host => uri.host, :port => uri.port)
. . .
```

这里使用 Ruby 的 URI 模块来解析 DB_PORT 环境变量，让后我们使用解析后的宿主机和端口数出来配置 Redis 的连接信息。我们的应用程序现在就可以使用该连接信息来找到在已链接容器中的 Redis 了。这种抽象模式避免了我们在代码中对 Redis 的 IP 地址和端口进行硬编码，但是它仍然是一种简陋的服务发现方式。

还有一种方法，就是更灵活的本地 DNS，这也是我们将要选用的解决方案，如代码清单 5-73 所示。

> **提示**
>
> 也可以在 docker run 命令中加入 --dns 或者 --dns-search 标志来为某个容器单独配置 DNS。你可以设置本地 DNS 解析的路径和搜索域。在 https://docs.docker.com/articles/networking/ 上可以找到更详细的配置信息。如果没有这两个标志，Docker 会根据宿主机的信息来配置 DNS 解析。可以在 /etc/resolv.conf 文件中查看 DNS 解析的配置情况。

代码清单 5-73　使用主机名连接 Redis

```
redis = Redis.new(:host => 'db', :port => '6379')
```

我们的应用程序会在本地查找名叫 db 的宿主机，找到 /etc/hosts 文件里的相关项并解析宿主机到正确的 IP 地址。这也解决了硬编码 IP 地址的问题。

我们现在就能像在 5.2.7 节中那样测试我们的容器连接是否能够正常工作了。

5.2.8   连接容器小结

我们已经了解了所有能让 Docker 容器互相连接的方式。在 Docker 1.9 及之后版本中我们推荐使用 Docker Networking，而在 Docker 1.9 之前的版本中则建议使用 Docker 链接。无论采用哪种方式，读者都已经看到，我们可以轻而易举地创建一个包含以下组件的 Web 应用程序栈：

- 一个运行 Sinatra 的 Web 服务器容器；
- 一个 Redis 数据库容器；
- 这两个容器间的一个安全连接。

读者应该也能看出，基于这个概念，我们可以轻易地扩展出任意数量的应用程序栈，并由此来管理复杂的本地开发环境，比如：

- Wordpress、HTML、CSS 和 JavaScript；
- Ruby on Rails；
- Django 和 Flask；
- Node.js；
- Play！；
- 用户喜欢的其他框架。

这样就可以在本地环境构建、复制、迭代开发用于生产的应用程序，甚至很复杂的多层应用程序。

5.3   Docker 用于持续集成

到目前为止，所有的测试例子都是本地的、围绕单个开发者的（就是说，如何让本地开发者使用 Docker 来测试本地网站或者应用程序）。现在来看看在多开发者的持续集成[①]测试场景中如何使用 Docker。

---

① http://en.wikipedia.org/wiki/Continuous_integration

Docker 很擅长快速创建和处理一个或多个容器。这个能力显然可以为持续集成测试这个概念提供帮助。在测试场景里，用户需要频繁安装软件，或者部署到多台宿主机上，运行测试，再清理宿主机为下一次运行做准备。

在持续集成环境里，每天要执行好几次安装并分发到宿主机的过程。这为测试生命周期增加了构建和配置开销。打包和安装也消耗了很多时间，而且这个过程很恼人，尤其是需求变化频繁或者需要复杂、耗时的处理步骤进行清理的情况下。

Docker 让部署以及这些步骤和宿主机的清理变得开销很低。为了演示这一点，我们将使用 Jenkins CI 构建一个测试流水线：首先，构建一个运行 Docker 的 Jenkins 服务器。为了更有意思些，我们会让 Docker 递归地运行在 Docker 内部。这就和套娃一样！

> **提示**
>
> 可以在 https://github.com/jpetazzo/dind 读到更多关于在 Docker 中运行 Docker 的细节。

一旦 Jenkins 运行起来，将展示最基础的单容器测试运行，最后将展示多容器的测试场景。

> **提示**
>
> 除了 Jenkins，还有许多其他的持续集成工具，包括 Strider 和 Drone.io 这种直接利用 Docker 的工具，这些工具都是真正基于 Docker 的。另外，Jenkins 也提供了一个插件，这样就可以不用使用我们将要看到的 Docker-in-Docker 这种方式了。使用 Docker 插件可能更简单，但我觉得使用 Docker-in-Docker 这种方式很有趣。

5.3.1　构建 Jenkins 和 Docker 服务器

为了提供一个 Jenkins 服务器，从 `Dockerfile` 开始构建一个安装了 Jenkins 和 Docker 的 Ubuntu 14.04 镜像。我们先创建一个 `jenkins` 目录，来存放构建所需的所有相关文件，如代码清单 5-74 所示。

代码清单 5-74　为 Jenkins 创建目录

```
$ mkdir jenkins
$ cd jenkins
```

在 jenkins 目录中，我们从 Dockerfile 开始，如代码清单 5-75 所示。

代码清单 5-75　Jenkins 和 Docker 服务器的 Dockerfile

```
FROM ubuntu:14.04
MAINTAINER james@example.com
ENV REFRESHED_AT 2014-06-01

RUN apt-get update -qq && apt-get install -qqy curl apt-transport
  -https
RUN apt-key adv --keyserver hkp://p80.pool.sks-keyservers.net:80
  --recv-keys 58118E89F3A912897C070ADBF76221572C52609D
RUN echo deb https://apt.dockerproject.org/repo ubuntu-trusty
  main > /etc/apt/sources.list.d/docker.list
RUN apt-get update -qq && apt-get install -qqy iptables cacertificates
  openjdk-7-jdk git-core docker-engine

ENV JENKINS_HOME /opt/jenkins/data
ENV JENKINS_MIRROR http://mirrors.jenkins-ci.org

RUN mkdir -p $JENKINS_HOME/plugins
RUN curl -sf -o /opt/jenkins/jenkins.war -L $JENKINS_MIRROR/warstable/
  latest/jenkins.war

RUN for plugin in chucknorris greenballs scm-api git-client git
  ws-cleanup ;\
    do curl -sf -o $JENKINS_HOME/plugins/${plugin}.hpi \
     -L $JENKINS_MIRROR/plugins/${plugin}/latest/${plugin}.hpi
       ; done

ADD ./dockerjenkins.sh /usr/local/bin/dockerjenkins.sh
RUN chmod +x /usr/local/bin/dockerjenkins.sh

VOLUME /var/lib/docker

EXPOSE 8080

ENTRYPOINT [ "/usr/local/bin/dockerjenkins.sh" ]
```

可以看到，Dockerfile 继承自 ubuntu:14.04 镜像，之后做了很多事情。确实，这是目前为止见过的最复杂的 Dockerfile。来看看都做了什么。

首先，它设置了 Ubuntu 环境，加入了需要的 Docker APT 仓库，并加入了对应的 GPG key。之后更新了包列表，并安装执行 Docker 和 Jenkins 所需要的包。我们使用与第 2 章相同的指令，加入了一些 Jenkins 需要的包。

然后，我们创建了 /opt/jenkins 目录，并把最新稳定版本的 Jenkins 下载到这个目录。还需要一些 Jenkins 插件，给 Jenkins 提供额外的功能（比如支持 Git 版本控制）。

我们还使用 ENV 指令把 JENKINS_HOME 和 JENKINS_MIRROR 环境变量设置为 Jenkins 的数据目录和镜像站点。

然后我们指定了 VOLUME 指令。还记得吧，VOLUME 指令从容器运行的宿主机上挂载一个卷。在这里，为了"骗过"Docker，指定 /var/lib/docker 作为卷。这是因为 /var/lib/docker 目录是 Docker 用来存储其容器的目录。这个位置必须是真实的文件系统，而不能是像 Docker 镜像层那种挂载点。

那么，我们使用 VOLUME 指令告诉 Docker 进程，在容器运行内部使用宿主机的文件系统作为容器的存储。这样，容器内嵌 Docker 的 /var/lib/docker 目录将保存在宿主机系统的 /var/lib/docker/volumes 目录下的某个位置。

我们已经公开了 Jenkins 默认的 8080 端口。

最后，我们指定了一个要运行的 shell 脚本（可以在 http://dockerbook.com/code/5/jenkins/dockerjenkins.sh 找到）作为容器的启动命令。这个 shell 脚本（由 ENTRYPOINT 指令指定）帮助在宿主机上配置 Docker，允许在 Docker 里运行 Docker，开启 Docker 守护进程，并且启动 Jenkins。在 https://github.com/jpetazzo/dind 可以看到更多关于为什么需要一个 shell 脚本来允许 Docker 中运行 Docker 的信息。

现在让我们来获取这个 shell 脚本。我们继续在 jenkins 目录下工作，刚刚我们在这个目录下创建了 Dockerfile 文件，如代码清单 5-76 所示。

代码清单 5-76　获取 dockerjenkins.sh 脚本

```
$ cd jenkins
$ wget https://raw.githubusercontent.com/jamtur01/dockerbook-code
  /master/code/5/jenkins/dockerjenkins.sh
$ chmod 0755 dockerjenkins.sh
```

> **注意**
>
> 这个 Dockerfile 和 shell 脚本作为本书代码的一部分，可以在本书官网[①]或者 GitHub 仓库[②]找到。

已经有了 Dockerfile，用 docker build 命令来构建一个新的镜像，如代码清单 5-77 所示。

代码清单 5-77　构建 Docker-Jenkins 镜像

```
$ sudo docker build -t jamtur01/dockerjenkins .
```

我们非常没创意地把新的镜像命名为 jamtur01/dockerjenkins。现在可以使用 docker run 命令从这个镜像创建容器了，如代码清单 5-78 所示。

代码清单 5-78　运行 Docker-Jenkins 镜像

```
$ sudo docker run -p 8080:8080 --name jenkins --privileged \
-d jamtur01/dockerjenkins
190f5c6333576f017257b3348cf64dfcd370ac10721c1150986ab1db3e3221ff8
```

可以看到，这里使用了一个新标志--privileged 来运行容器。--privileged 标志很特别，可以启动 Docker 的特权模式，这种模式允许我们以其宿主机具有的（几乎）所有能力来运行容器，包括一些内核特性和设备访问。这是让我们可以在 Docker 中运行 Docker 必要的魔法。

> **警告**
>
> 让 Docker 运行在--privileged 特权模式会有一些安全风险。在这种模式下运行容器对 Docker 宿主机拥有 root 访问权限。确保已经对 Docker 宿主机进行了恰当的安全保护，并且只在确实可信的域里使用特权访问 Docker 宿主机，或者仅在有类似信任的情况下运行容器。

还可以看到，我们使用了-p 标志在本地宿主机的 8080 端口上公开 8080 端口。一般来说，这不是一种好的做法，不过足以让一台 Jenkins 服务器运行起来。

可以看到新容器 jenkins 已经启动了。我们可以查看一下启动后的日志，如代码清单 5-79 所示。

---

① http://dockerbook.com/code/5/jenkins
② https://github.com/jamtur01/dockerbook-code

代码清单 5-79　检查 Docker Jenkins 容器的日志

```
$ sudo docker logs jenkins
Running from: /opt/jenkins/jenkins.war
webroot: EnvVars.masterEnvVars.get("JENKINS_HOME")
Sep 8, 2013 12:53:01 AM winstone.Logger logInternal
INFO: Beginning extraction from war file
. . .
INFO: HTTP Listener started: port=8080
. . .
```

要么不断地检查日志，要么使用-f 标志运行 docker logs 命令，直到看到与代码清单 5-80 所示类似的消息。

代码清单 5-80　检查 Jenkins 的启动和执行

```
INFO: Jenkins is fully up and running
```

太好了。现在 Jenkins 服务器应该可以通过 8080 端口在浏览器中访问了，就像图 5-3 所示的这样。

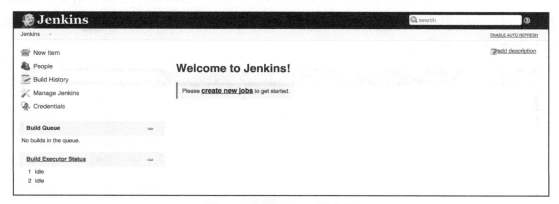

图 5-3　浏览 Jenkins 服务器

5.3.2　创建新的 Jenkins 作业

现在Jenkins 服务器已经运行，让我们来创建一个Jenkin 作业吧。单击 create new jobs（创建新作业）链接，打开了创建新作业的向导，如图 5-4 所示。

把新作业命名为 Docker_test_job，选择作业类型为 Freestyle project，并单击 OK 继续到下一个页面。

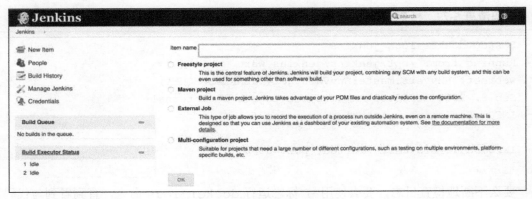

图 5-4　创建新的 Jenkins 作业

现在把这些区域都填好。先填好作业描述，然后单击 Advanced Project Options（高级项目选项）下面的 Advanced...（高级）按钮，单击 Use custom workspace（使用自定义工作空间）的单选按钮，并指定/tmp/jenkins-buildenv/${JOB_NAME}/workspace 作为 Directory（目录）。这个目录是运行 Jenkins 的工作空间。

在 Source Code Management（源代码管理）区域里，选择 Git 并指定测试仓库 https://github.com/jamtur01/docker-jenkins-sample.git。图 5-5 所示是一个简单的仓库，它包含了一些基于 Ruby 的 RSpec 测试。

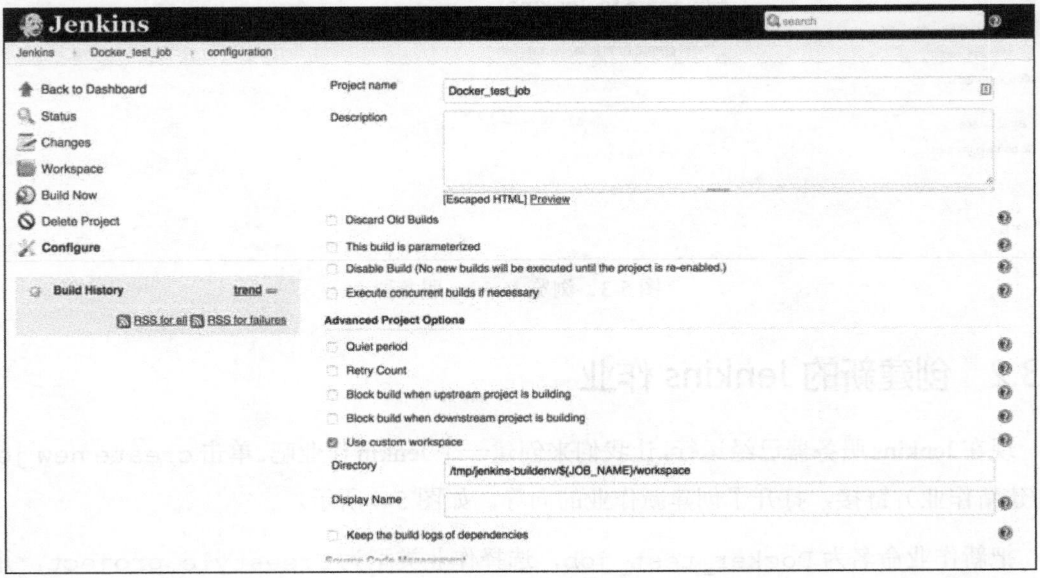

图 5-5　Jenkins 作业细节 1

现在往下滚动页面，更新另外一些区域。首先，单击 Add Build Step（增加构建步骤）按钮增加一个构建的步骤，选择 Execute shell（执行 shell 脚本）。之后使用定义的脚本来启动测试和 Docker，如代码清单 5-81 所示。

代码清单 5-81　用于 Jenkins 作业的 Docker shell 脚本

```
# 构建用于此作业的镜像
IMAGE=$(docker build . | tail -1 | awk '{ print $NF }')

# 构建挂载到 Docker 的目录
MNT="$WORKSPACE/.."

# 在 Docker 里执行编译测试
CONTAINER=$(docker run -d -v "$MNT:/opt/project" $IMAGE /bin/bash
  -c 'cd /opt/project/workspace && rake spec')

# 进入容器，这样可以看到输出的内容
docker attach $CONTAINER

# 等待程序退出，得到返回码
RC=$(docker wait $CONTAINER)

# 删除刚刚用到的容器
docker rm $CONTAINER

# 使用刚才的返回码退出整个脚本
exit $RC
```

这个脚本都做了什么呢？首先，它将使用包含刚刚指定的 Git 仓库的 Dockerfile 创建一个新的 Docker 镜像。这个 Dockerfile 提供了想要执行的测试环境。让我们来看一下这个 Dockerfile，如代码清单 5-82 所示。

代码清单 5-82　用于测试作业的 Dockerfile

```
FROM ubuntu:14.04
MAINTAINER James Turnbull "james@example.com"
ENV REFRESHED_AT 2014-06-01
RUN apt-get update
RUN apt-get -y install ruby rake
RUN gem install --no-rdoc --no-ri rspec ci_reporter_rspec
```

提示

如果用户的测试依赖或者需要别的包，只需要根据新的需求更新 `Dockerfile`，然后在运行测试时会重新构建镜像。

可以看到，`Dockerfile` 构建了一个 Ubuntu 宿主机，安装了 Ruby 和 RubyGems，之后安装了两个 gem：`rspec` 和 `ci_reporter_rspec`。这样构建的镜像可以用于测试典型的基于 Ruby 且使用 RSpec 测试框架的应用程序。`ci_reporter_rspec` gem 会把 RSpec 的输出转换为 JUnit 格式的 XML 输出，并交给 Jenkins 做解析。一会儿就能看到这个转换的结果。

回到之前的脚本。从 `Dockerfile` 构建镜像。接下来，创建一个包含 Jenkins 工作空间（就是签出 Git 仓库的地方）的目录，会把这个目录挂载到 Docker 容器，并在这个目录里执行测试。

然后，我们从这个镜像创建了容器，并且运行了测试。在容器里，把工作空间挂载到 `/opt/project` 目录。之后执行命令切换到这个目录，并执行 `rake spec` 来运行 RSpec 测试。

现在容器启动了，我们拿到了容器的 ID。

提示

Docker 在启动容器时支持 `--cidfile` 选项，这个选项会让 Docker 截获容器 ID 并将其存到 `--cidfile` 选项指定的文件里，如 `--cidfile=/tmp/containerid.txt`。

现在使用 `docker attach` 命令进入容器，得到容器执行时输出的内容，然后使用 `docker wait` 命令。`docker wait` 命令会一直阻塞，直到容器里的命令执行完成才会返回容器退出时的返回码。变量 RC 捕捉到容器退出时的返回码。

最后，清理环境，删除刚刚创建的容器，并使用容器的返回码退出。这个返回码应该就是测试执行结果的返回码。Jenkins 依赖这个返回码得知作业的测试结果是成功还是失败。

接下来，单击 Add post-build action（加入构建后的动作），加入一个 Publish JUnit test result report（公布 JUnit 测试结果报告）的动作。在 Test report XMLs（测试报告的 XML 文件）字段，需要指定 `spec/reports/*.xml`。这个目录是 `ci_reporter` gem 的 XML 输出的位置，找到这个目录会让 Jenkins 处理测试的历史结果和输出结果。

最后，必须单击 Save 按钮保存新的作业，如图 5-6 所示。

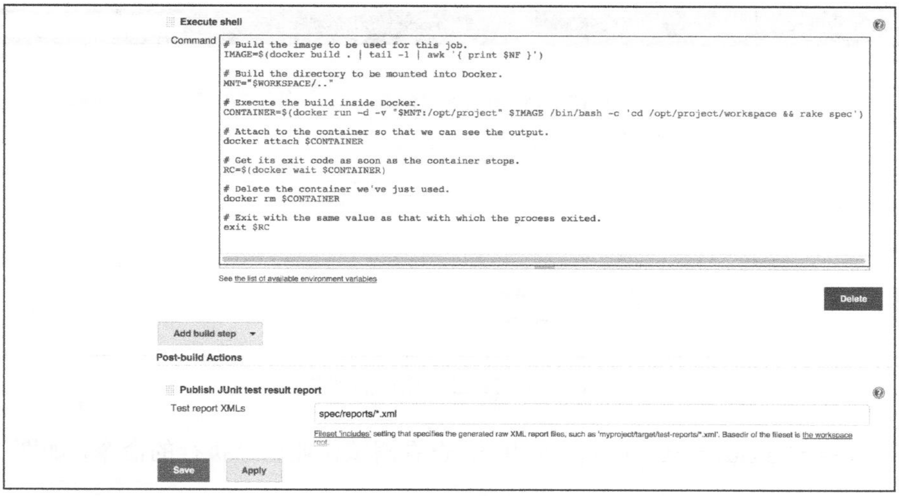

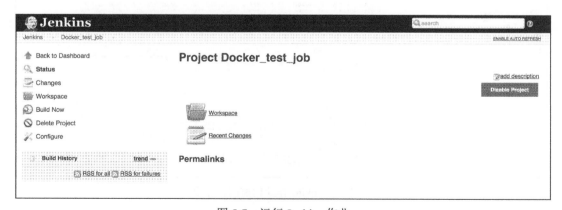

图 5-6　Jenkins 作业细节 2

5.3.3　运行 Jenkins 作业

现在我们来运行 Jenkins 作业。单击 Build Now（现在构建）按钮，就会看到有个作业出现在 Build History（构建历史）方框里，如图 5-7 所示。

图 5-7　运行 Jenkins 作业

> **注意**
>
> 第一次运行测试时，可能会因为构建新的镜像而等待较长一段时间。但是，下次运行测试时，因为 Docker 已经准备好了镜像，执行速度就会比第一次快多了。

单击这个作业，看看正在执行的测试运行的详细信息，如图 5-8 所示。

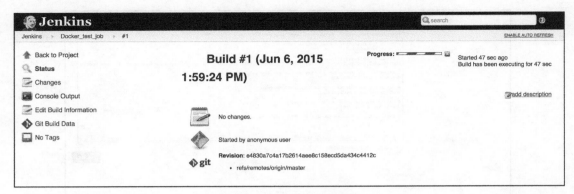

图 5-8　Jenkins 作业的细节

单击 Console Output（控制台输出），查看测试作业已经执行的命令，如图 5-9 所示。

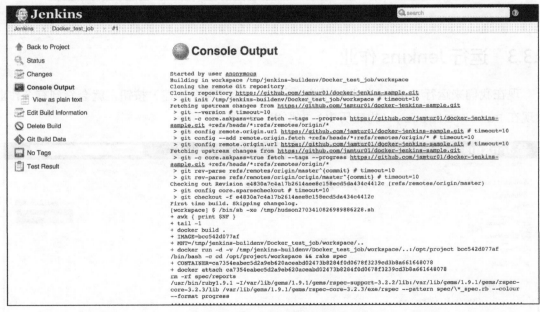

图 5-9　Jenkins 作业的控制台输出

可以看到，Jenkins 正在将 Git 仓库下载到工作空间。然后会执行 shell 脚本并使用 docker build 构建 Docker 镜像。然后我们捕获镜像的 ID 并用 docker run 创建一个新容器。正在运行的这个新容器内会执行 RSpec 测试并且捕获测试结果和返回码。如果这个作业使用返回码 0 退出，这个作业就会被标识为测试成功。

单击 Test Result（测试结果）链接，可以看到详细的测试报告。这个报告是从测试的 **RSpec** 结果转换为 JUnit 格式后得到的。这个转换由 `ci_reporter gem` 完成，并在"构建后的步骤"里被捕获。

5.3.4　与 Jenkins 作业有关的下一步

可以通过启用 SCM 轮询，让 Jenkins 作业自动执行。它会在有新的改动签入 Git 仓库后，触发自动构建。类似的自动化还可以通过提交后的钩子或者 GitHub 或者 Bitbucket 仓库的钩子来完成。

5.3.5　Jenkins 设置小结

到现在为止，我们已经做了不少事情：安装并运行了 Jenkins，创建了第一个作业。这个 Jenkins 作业使用 Docker 创建了一个镜像，而这个镜像使用仓库里的 `Dockerfile` 管理和更新。这种情况下，不但架构配置和代码可以同步更新，管理配置的过程也变得很简单。然后我们通过镜像创建了运行测试的容器。测试完成后，可以丢弃这个容器。整个测试过程轻量且快速。将这个例子适配到其他不同的测试平台或者其他语言的测试框架也很容易。

> **提示**
>
> 也可以使用参数化构建来让作业和 shell 脚本更加通用，方便应用到更多框架和语言。

5.4　多配置的 Jenkins

之前我们已经见过使用 Jenkins 构建的简单的单个容器。如果要测试的应用依赖多个平台怎么办？假设要在 Ubuntu、Debian 和 CentOS 上测试这个程序。要在多平台测试，可以利用 Jenkins 里叫"多配置作业"的作业类型的特性。多配置作业允许运行一系列的测试作业。当 Jenkins 多配置作业运行时，会运行多个配置不同的子作业。

5.4.1　创建多配置作业

现在来创建一个新的多配置作业。从 Jenkins 控制台里单击 `New Item`（新项目），将新

作业命名为 `Docker_matrix_job`，选择 `Multi-configuration project`（创建多配置项目），并单击 OK 按钮，如图 5-10 所示。

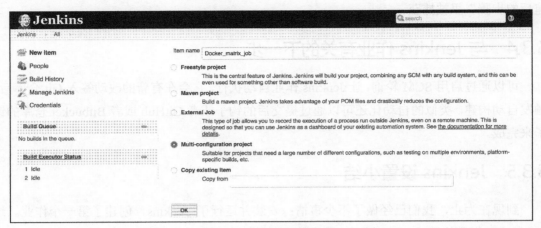

图 5-10   创建多配置作业

这个页面与之前看到的创建作业时的页面非常类似。给作业加上描述，选择 **Git** 作为仓库类型，并指定之前那个示例应用的仓库：https://github.com/jamtur01/docker-jenkins-sample. git。具体如图 5-11 所示。

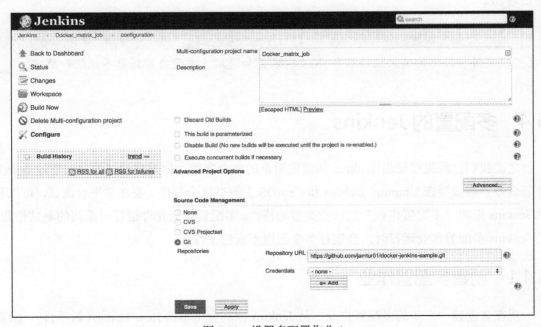

图 5-11   设置多配置作业 1

接下来，向下滚动，开始设置多配置的维度（axis）。维度是指作为作业的一部分执行的一系列元素。单击 Add Axis（添加维度）按钮，并选择 User-defined Axis（用户自定义维度）。指定这个维度的名字为 OS（OS 是 Operating System 的缩写），并设置 3 个值，即 centos、debian 和 ubuntu。当执行多配置作业时，Jenkins 会查找这个维度，并生成 3 个作业：维度上的每个值对应一个作业。

还要注意，在 Build Environment（构建环境）部分我们单击了 Delete workspace before build starts（构建前删除工作空间）。这个选项会在一系列新作业初始化之前，通过删除已经签出的仓库，清理构建环境。具体如图 5-12 所示。

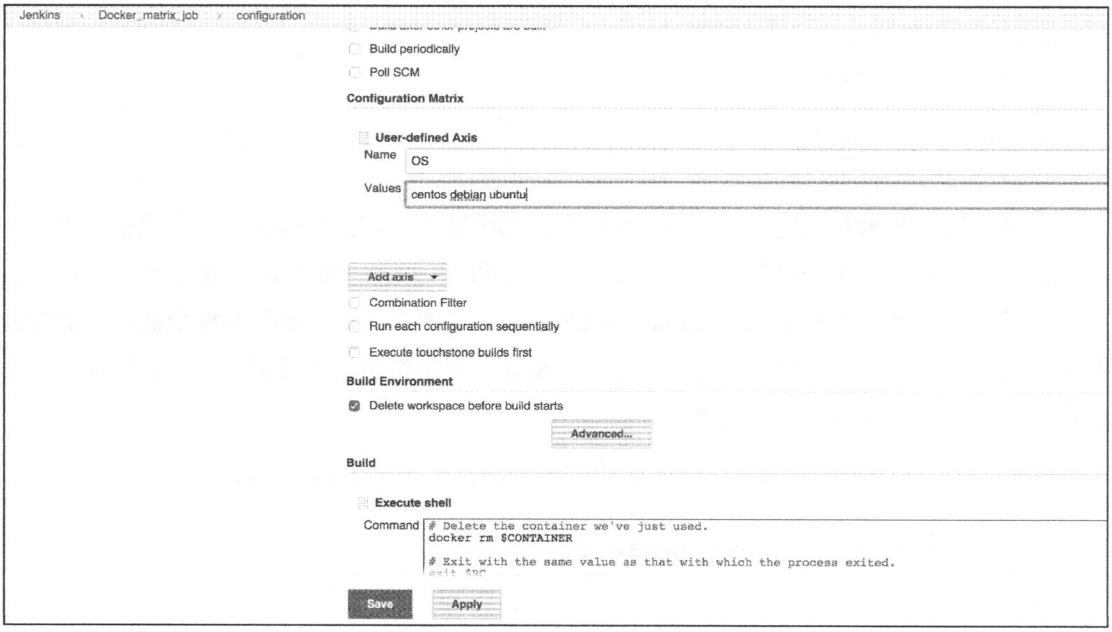

图 5-12 设置多配置作业 2

最后，我们通过一个简单的 shell 脚本指定了另一个 shell 构建步骤。这个脚本是在之前使用的 shell 脚本的基础上修改而成的，如代码清单 5-83 所示。

代码清单 5-83 Jenkins 多配置 shell 脚本

```
# 构建此次运行需要的镜像
cd $OS && IMAGE=$(docker build . | tail -1 | awk '{ print $NF }')

# 构建挂载到 Docker 的目录
```

```
MNT="$WORKSPACE/.."

# 在 Docker 内执行构建过程
CONTAINER=$(docker run -d -v "$MNT:/opt/project" $IMAGE /bin/bash
  -c "cd/opt/project/$OS && rake spec")

# 进入容器，以便可以看到输出的内容
docker attach $CONTAINER

# 进程退出后，得到返回值
RC=$(docker wait $CONTAINER)

# 删除刚刚使用的容器
docker rm $CONTAINER

# 使用刚才的返回值退出脚本
exit $RC
```

来看看这个脚本有哪些改动：每次执行作业都会进入不同的以操作系统为名的目录。在我们的测试仓库里有 3 个目录：centos、debian 和 ubuntu。每个目录里的 Dockerfile 都不同，分别包含构建 CentOS、Debian 和 Ubuntu 镜像的指令。这意味着每个被启动的作业都会进入对应的目录，构建对应的操作系统的镜像，安装相应的环境需求，并启动基于这个镜像的容器，最后在容器里运行测试。

我们来看这些新的 Dockerfile 中的一个，如代码清单 5-84 所示。

代码清单 5-84　基于 CentOS 的 Dockerfile

```
FROM centos:latest
MAINTAINER James Turnbull "james@example.com"
ENV REFRESHED_AT 2014-06-01
RUN yum -y install ruby rubygems rubygem-rake
RUN gem install --no-rdoc --no-ri rspec ci_reporter_rspec
```

这是一个基于以前的作业针对 CentOS 修改过的 Dockerfile。这个 Dockerfile 和之前做的事情一样，只是改为使用适合 CentOS 的命令，比如使用 yum 来安装包。

加入一个构建后的动作 Publish JUnit test result report（发布 JUnit 测试结果）并指定 XML 输出的位置为 spec/reports/*.xml。这样可以检查测试输出的结果。

最后，单击 Save 来创建新作业，并保存配置。

现在可以看到刚刚创建的作业，并且注意到这个作业包含一个叫作 `Configurations`（配置）的区域，包含了该作业的各维度上每个元素的子作业，如图 5-13 所示。

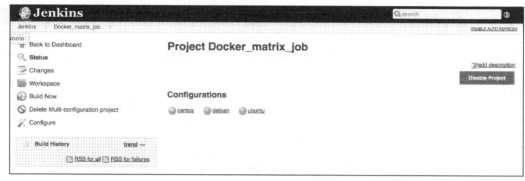

图 5-13　Jenkins 多配置作业

5.4.2　测试多配置作业

现在我们来测试这个新作业。单击 `Build Now` 按钮启动多配置作业。当 Jenkins 开始运行时，会先创建一个主作业。之后，这个主作业会创建 3 个子作业。每个子作业会使用选定的 3 个平台中的一个来执行测试。

> **注意**
>
> 和之前的作业一样，第一次运行作业时也需要一些时间来构建测试所需的镜像。一旦镜像构建好后，下一次运行就会快很多。Docker 只会在更新了 `Dockerfile` 之后修改镜像。

可以看到，主作业会先执行，然后执行每个子作业。其中新的 `centos` 子作业的输出如图 5-14 所示。

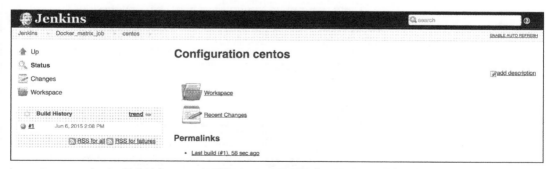

图 5-14　centos 子作业

可以看到，centos 作业已经执行了：绿球图标表示这个测试执行成功。可以更深入地看一下执行细节。单击 Build History 里第一个条，如图 5-15 所示。

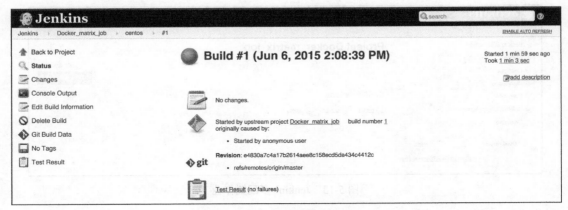

图 5-15   centos 子作业细节

在这里可以看到更多 centos 作业的执行细节。可以看到这个作业 Started by upstream project Docker_matrix_job，构建编号为 1。要看执行时的精确细节，可以单击 Console Output 链接来查看控制台的输出内容，具体如图 5-16 所示。

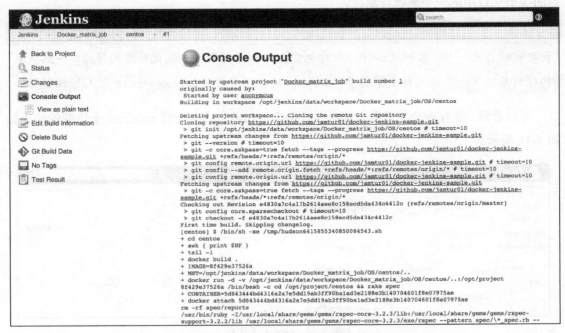

图 5-16   centos 子作业的控制台输出

可以看到，这个作业复制了仓库，构建了需要的 Docker 镜像，从镜像启动了容器，最后运行了所有的测试。所有测试都成功了（如果有需要，可以单击 Test Result 链接来检查测试上传的 JUnit 结果）。

现在这个简单又强大的多平台测试应用程序的例子就成功演示完了。

5.4.3　Jenkins 多配置作业小结

这些例子展示了在 Jenkins 持续集成中使用 Docker 的简单实现。读者可以对这些例子进行扩展，加入从自动化触发构建到包含多平台、多架构、多版本的多级作业矩阵等功能。那个简单的构建脚本也可以写得更加严谨，或者支持执行多个容器（比如，为网页、数据库和应用程序层提供分离的容器，以模拟更加真实的多层生产环境）。

5.5　其他选择

在 Docker 的生态环境中，持续集成和持续部署（CI/CD）是很有意思的一部分。除了与现有的 Jenkins 这种工具集成，也有很多人直接使用 Docker 来构建这类工具。

5.5.1　Drone

Drone 是著名的基于 Docker 开发的 CI/CD 工具之一。它是一个 SaaS 持续集成平台，可以与 GitHub、Bitbucket 和 Google Code 仓库关联，支持各种语言，包括 Python、Node.js、Ruby、Go 等。Drone 在一个 Docker 容器内运行加到其中的仓库的测试集。

5.5.2　Shippable

Shippable 是免费的持续集成和部署服务，基于 GitHub 和 Bitbucket。它非常快，也很轻量，原生支持 Docker。

5.6　小结

本章演示了如何在开发和测试流程中使用 Docker。我们看到如何在本地工作站或者虚拟机里以一个开发者为中心使用 Docker 做测试，也探讨了如何使用 Jenkins CI 这种持续集成工具配合 Docker 进行可扩展的测试。我们已经了解了如何使用 Docker 构建单功能的测试，以及如何构建分布式矩阵作业。

　　下一章我们将开始了解如何使用 Docker 在生产环境中提供容器化、可堆叠、可扩展的弹性服务。

第6章
使用 Docker 构建服务

第 5 章介绍了如何利用 Docker 来使用容器在本地开发工作流和持续集成环境中方便快捷地进行测试。本章继续探索如何利用 Docker 来运行生产环境的服务。

本章首先会构建简单的应用，然后会构建一个更复杂的多容器应用。这些应用会展示，如何利用链接和卷之类的 Docker 特性来组合并管理运行于 Docker 中的应用。

6.1　构建第一个应用

要构建的第一个应用是使用 Jekyll 框架[①]的自定义网站。我们会构建以下两个镜像。

- 一个镜像安装了 Jekyll 及其他用于构建 Jekyll 网站的必要的软件包。
- 一个镜像通过 Apache 来让 Jekyll 网站工作起来。

我们打算在启动容器时，通过创建一个新的 Jekyll 网站来实现自服务。工作流程如下。

- 创建 Jekyll 基础镜像和 Apache 镜像（只需要构建一次）。
- 从 Jekyll 镜像创建一个容器，这个容器存放通过卷挂载的网站源代码。
- 从 Apache 镜像创建一个容器，这个容器利用包含编译后的网站的卷，并为其服务。
- 在网站需要更新时，清理并重复上面的步骤。

可以把这个例子看作是创建一个多主机站点最简单的方法。实现很简单，本章后半部分会以这个例子为基础做更多扩展。

---

① http://jekyllrb.com/

6.1.1 Jekyll 基础镜像

让我们开始为第一个镜像（Jekyll 基础镜像）创建 Dockerfile。我们先创建一个新目录和一个空的 Dockerfile，如代码清单 6-1 所示。

代码清单 6-1   创建 Jekyll Dockerfile

```
$ mkdir jekyll
$ cd jekyll
$ vi Dockerfile
```

现在我们来看看 Dockerfile 文件的内容，如代码清单 6-2 所示。

代码清单 6-2   Jekyll Dockerfile

```
FROM ubuntu:14.04
MAINTAINER James Turnbull <james@example.com>
ENV REFRESHED_AT 2014-06-01

RUN apt-get -yqq update
RUN apt-get -yqq install ruby ruby-dev make nodejs
RUN gem install --no-rdoc --no-ri jekyll -v 2.5.3

VOLUME /data
VOLUME /var/www/html
WORKDIR /data

ENTRYPOINT [ "jekyll", "build", "--destination=/var/www/html" ]
```

这个 Dockerfile 使用了第 3 章里的模板作为基础。镜像基于 Ubuntu 14.04，并且安装了 Ruby 和用于支持 Jekyll 的包。然后我们使用 VOLUME 指令创建了以下两个卷。

- /data/，用来存放网站的源代码。

- /var/www/html/，用来存放编译后的 Jekyll 网站代码。

然后我们需要将工作目录设置到/data/，并通过 ENTRYPOINT 指令指定自动构建的命令，这个命令会将工作目录/data/中的所有的 Jekyll 网站代码构建到/var/www/html/目录中。

6.1.2　构建 Jekyll 基础镜像

通过这个 Dockerfile，可以使用 docker build 命令构建出可以启动容器的镜像，如代码清单 6-3 所示。

代码清单 6-3　构建 Jekyll 镜像

```
$ sudo docker build -t jamtur01/jekyll .
Sending build context to Docker daemon  2.56 kB
Sending build context to Docker daemon
Step 0 : FROM ubuntu:14.04
 ---> 99ec81b80c55
Step 1 : MAINTAINER James Turnbull <james@example.com>
...
Step 7 : ENTRYPOINT [ "jekyll", "build" "--destination=/var/www/html" ]
 ---> Running in 542e2de2029d
 ---> 79009691f408
Removing intermediate container 542e2de2029d
Successfully built 79009691f408
```

这样就构建了名为 jamtur01/jekyll、**ID** 为 79009691f408 的新镜像。这就是将要使用的新的 Jekyll 镜像。可以使用 docker images 命令来查看这个新镜像，如代码清单 6-4 所示。

代码清单 6-4　查看新的 Jekyll 基础镜像

```
$ sudo docker images
REPOSITORY      TAG   ID        CREATED        SIZE
jamtur01/jekyll latest 79009691f408  6 seconds ago  12.29 kB (virtual 671 MB)
...
```

6.1.3　Apache 镜像

接下来，我们来构建第二个镜像，一个用来架构新网站的 Apache 服务器。我们先创建一个新目录和一个空的 Dockerfile，如代码清单 6-5 所示。

代码清单 6-5　创建 Apache Dockerfile

```
$ mkdir apache
$ cd apache
$ vi Dockerfile
```

现在我们来看看这个 Dockerfile 的内容，如代码清单 6-6 所示。

代码清单 6-6　Jekyll Apache 的 Dockerfile

```
FROM ubuntu:14.04
MAINTAINER James Turnbull <james@example.com>
ENV REFRESHED_AT 2014-06-01

RUN apt-get -yqq update
RUN apt-get -yqq install apache2

VOLUME [ "/var/www/html" ]
WORKDIR /var/www/html

ENV APACHE_RUN_USER www-data
ENV APACHE_RUN_GROUP www-data
ENV APACHE_LOG_DIR /var/log/apache2
ENV APACHE_PID_FILE /var/run/apache2.pid
ENV APACHE_RUN_DIR /var/run/apache2
ENV APACHE_LOCK_DIR /var/lock/apache2

RUN mkdir -p $APACHE_RUN_DIR $APACHE_LOCK_DIR $APACHE_LOG_DIR

EXPOSE 80

ENTRYPOINT [ "/usr/sbin/apache2" ]
CMD ["-D", "FOREGROUND"]
```

这个镜像也是基于 Ubuntu 14.04 的，并安装了 Apache。然后我们使用 VOLUME 指令创建了一个卷，即 /var/www/html/，用来存放编译后的 Jekyll 网站。然后将 /var/www/html 设为工作目录。

然后我们使用 ENV 指令设置了一些必要的环境变量，创建了必要的目录，并且使用 EXPOSE 公开了 80 端口。最后指定了 ENTRYPOINT 和 CMD 指令组合来在容器启动时默认运行 Apache。

6.1.4　构建 Jekyll Apache 镜像

有了这个 Dockerfile，可以使用 docker build 命令来构建可以启动容器的镜像，如代码清单 6-7 所示。

代码清单 6-7 构建 Jekyll Apache 镜像

```
$ sudo docker build -t jamtur01/apache .
Sending build context to Docker daemon  2.56 kB
Sending build context to Docker daemon
Step 0 : FROM ubuntu:14.04
 ---> 99ec81b80c55
Step 1 : MAINTAINER James Turnbull <james@example.com>
 ---> Using cache
 ---> c444e8ee0058
. . .
Step 11 : CMD ["-D", "FOREGROUND"]
 ---> Running in 7aa5c127b41e
 ---> fc8e9135212d
Removing intermediate container 7aa5c127b41e
Successfully built fc8e9135212d
```

这样就构建了名为 `jamtur01/apache`、ID 为 `fc8e9135212d` 的新镜像。这就是将要使用的 Apache 镜像。可以使用 `docker images` 命令来查看这个新镜像，如代码清单 6-8 所示。

代码清单 6-8 查看新的 Jekyll Apache 镜像

```
$ sudo docker images
REPOSITORY      TAG    ID      CREATED       SIZE
jamtur01/apache latest fc8e9135212d  6 seconds ago  12.29 kB (virtual 671 MB)
...
```

6.1.5 启动 Jekyll 网站

现在有了以下两个镜像。

- Jekyll：安装了 Ruby 及其他必备软件包的 Jekyll 镜像。

- Apache：通过 Apache Web 服务器来让 Jekyll 网站工作起来的镜像。

我们从使用 `docker run` 命令来创建一个新的 Jekyll 容器开始我们的网站。我们将启动容器，并构建我们的网站。

然后我们需要一些我的博客的源代码。先把示例 Jekyll 博客复制到$HOME 目录（在这个例子里是/home/james）中，如代码清单 6-9 所示。

代码清单 6-9   创建示例 Jekyll 博客

```
$ cd $HOME
$ git clone https://github.com/jamtur01/james_blog.git
```

在这个目录下可以看到一个启用了 Twitter Bootstrap[①]的最基础的 Jekyll 博客。如果你也想使用这个博客，可以修改_config.yml 文件和主题，以符合你的要求。

现在在 Jekyll 容器里使用这个示例数据，如代码清单 6-10 所示。

代码清单 6-10   创建 Jekyll 容器

```
$ sudo docker run -v /home/james/james_blog:/data/ \
--name james_blog jamtur01/jekyll
Configuration file: /data/_config.yml
            Source: /data
       Destination: /var/www/html
     Generating...
                   done.
```

我们启动了一个叫作 james_blog 的新容器，把本地的 james_blog 目录作为/data/卷挂载到容器里。容器已经拿到网站的源代码，并将其构建到已编译的网站，存放到/var/www/html/目录。

卷是在一个或多个容器中特殊指定的目录，卷会绕过联合文件系统，为持久化数据和共享数据提供几个有用的特性。

- 卷可以在容器间共享和重用。
- 共享卷时不一定要运行相应的容器。
- 对卷的修改会直接在卷上反映出来。
- 更新镜像时不会包含对卷的修改。
- 卷会一直存在，直到没有容器使用它们。

利用卷，可以在不用提交镜像修改的情况下，向镜像里加入数据（如源代码、数据或者

① http://getbootstrap.com

其他内容），并且可以在容器间共享这些数据。

卷在 Docker 宿主机的/var/lib/docker/volumes 目录中。可以通过 docker inspect 命令查看某个卷的具体位置，如 docker inspect -f "{{ range .Mounts }} {{.}}{{end}}"。

> **提示**
>
> 在 Docker 1.9 中，卷功能已经得到扩展，能通过插件的方式支持第三方存储系统，如 Ceph、Flocker 和 EMC 等。可以在卷插件文档[①]和 docker volume create 命令文档[②] 中获得更详细的解释。

所以，如果想在另一个容器里使用/var/www/html/卷里编译好的网站，可以创建一个新的链接到这个卷的容器，如代码清单 6-11 所示。

代码清单 6-11　创建 Apache 容器

```
$ sudo docker run -d -P --volumes-from james_blog jamtur01/apache
09a570cc2267019352525079fbba9927806f782acb88213bd38dde7e2795407d
```

这看上去和典型的 docker run 很像，只是使用了一个新标志--volumes-from。标志--volumes-from 把指定容器里的所有卷都加入新创建的容器里。这意味着，Apache 容器可以访问之前创建的 james_blog 容器里/var/www/html 卷中存放的编译后的 Jekyll 网站。即便 james_blog 容器没有运行，Apache 容器也可以访问这个卷。想想，这只是卷的特性之一。不过，容器本身必须存在。

> **注意**
>
> 即使删除了使用了卷的最后一个容器，卷中的数据也会持久保存。

构建 Jekyll 网站的最后一步是什么？来查看一下容器把已公开的 80 端口映射到了哪个端口，如代码清单 6-12 所示。

代码清单 6-12　解析 Apache 容器的端口

```
$ sudo docker port 09a570cc2267 80
0.0.0.0:49160
```

---

① http://docs.docker.com/engine/extend/plugins_volume/
② https://docs.docker.com/engine/reference/commandline/volume_create/

现在在 Docker 宿主机上浏览该网站，如图 6-1 所示。

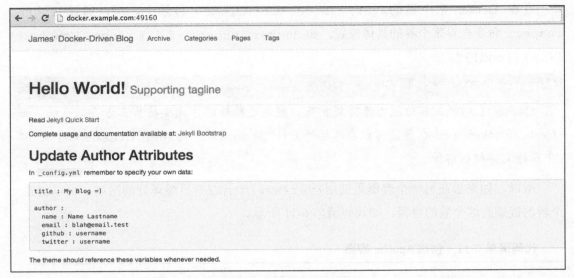

图 6-1   Jekyll 网站

现在终于把 Jekyll 网站运行起来了！

6.1.6   更新 Jekyll 网站

如果要更新网站的数据，就更有意思了。假设要修改 Jekyll 网站。我们将通过编辑 james_blog/_config.yml 文件来修改博客的名字，如代码清单 6-13 所示。

代码清单 6-13   编辑 Jekyll 博客

```
$ vi james_blog/_config.yml
```

并将 title 字段改为 James's Dynamic Docker-Driven Blog。

那么如何才能更新博客网站呢？只需要再次使用 docker start 命令启动 Docker 容器即可，如代码清单 6-14 所示。

代码清单 6-14   再次启动 james_blog 容器

```
$ sudo docker start james_blog
james_blog
```

看上去什么都没发生。我们来查看一下容器的日志，如代码清单 6-15 所示。

代码清单 6-15　查看 `james_blog` 容器的日志

```
$ sudo docker logs   james_blog
Configuration file: /data/_config.yml
            Source: /data
       Destination: /var/www/html
        Generating...
                    done.
Configuration file: /data/_config.yml
            Source: /data
       Destination: /var/www/html
        Generating...
                    done.
```

可以看到，Jekyll 编译过程第二次被运行，并且网站已经被更新。这次更新已经写入了对应的卷。现在浏览 Jekyll 网站，就能看到变化了，如图 6-2 所示。

图 6-2　更新后的 Jekyll 网站

由于共享的卷会自动更新，这一切都不需要更新或者重启 Apache 容器。这个流程非常简单，可以将其扩展到更复杂的部署环境。

6.1.7　备份 Jekyll 卷

你可能会担心万一不小心删除卷（尽管能使用已有的步骤轻松重建这个卷）。由于卷的优点之一就是可以挂载到任意容器，因此可以轻松备份它们。现在创建一个新容器，用来备份/var/www/html 卷，如代码清单 6-16 所示。

代码清单 6-16　备份/var/www/html 卷

```
$ sudo docker run --rm --volumes-from james_blog \
-v $(pwd):/backup ubuntu \
tar cvf /backup/james_blog_backup.tar /var/www/html
tar: Removing leading '/' from member names
/var/www/html/
/var/www/html/assets/
/var/www/html/assets/themes/
. . .
$ ls james_blog_backup.tar
james_blog_backup.tar
```

这里我们运行了一个已有的 Ubuntu 容器，并把 james_blog 的卷挂载到该容器里。这会在该容器里创建/var/www/html 目录。然后我们使用-v 标志把当前目录（通过$(pwd)命令获得）挂载到容器的/backup 目录。最后我们的容器运行这一备份命令，如代码清单6-17 所示。

> **提示**
>
> 我们还指定了--rm 标志，这个标志对于只用一次的容器，或者说用完即扔的容器，很有用。这个标志会在容器的进程运行完毕后，自动删除容器。对于只用一次的容器来说，这是一种很方便的清理方法。

代码清单 6-17　备份命令

```
tar cvf /backup/james_blog_backup.tar /var/www/html
```

这个命令会创建一个名为 jams_blog_backup.tar 的 tar 文件（该文件包括了/var/www/html 目录里的所有内容），然后退出。这个过程创建了卷的备份。

这显然只是一个最简单的备份过程。用户可以扩展这个命令，备份到本地存储或者云端（如 Amazon S3[①]或者更传统的类似 Amanda[②]的备份软件）。

---

① http://aws.amazon.com/s3/
② http://www.amanda.org

> **提示**
>
> 这个例子对卷中存储的数据库或者其他类似的数据也适用。只要简单地把卷挂载到新容器，完成备份，然后废弃这个用于备份的容器就可以了。

6.1.8　扩展 Jekyll 示例网站

下面是几种扩展 Jekyll 网站的方法。

- 运行多个 Apache 容器，这些容器都使用来自 james_blog 容器的卷。在这些 Apache 容器前面加一个负载均衡器，我们就拥有了一个 Web 集群。

- 进一步构建一个镜像，这个镜像把用户提供的源数据复制（如通过 git clone）到卷里。再把这个卷挂载到从 jamtur01/jekyll 镜像创建的容器。这就是一个可迁移的通用方案，而且不需要宿主机本地包含任何源代码。

- 在上一个扩展基础上可以很容易为我们的服务构建一个 Web 前端，这个服务用于从指定的源自动构建和部署网站。这样用户就有一个完全属于自己的 GitHub Pages 了。

6.2　使用 Docker 构建一个 Java 应用服务

现在我们来试一些稍微不同的方法，考虑把 Docker 作为应用服务器和编译管道。这次做一个更加"企业化"且用于传统工作负载的服务：获取 Tomcat 服务器上的 WAR 文件，并运行一个 Java 应用程序。为了做到这一点，构建一个有两个步骤的 Docker 管道。

- 一个镜像从 URL 拉取指定的 WAR 文件并将其保存到卷里。
- 一个含有 Tomcat 服务器的镜像运行这些下载的 WAR 文件。

6.2.1　WAR 文件的获取程序

我们从构建一个镜像开始，这个镜像会下载 WAR 文件并将其挂载在卷里，如代码清单 6-18 所示。

代码清单 6-18　创建获取程序（fetcher）的 Dockerfile

```
$ mkdir fetcher
$ cd fetcher
$ touch Dockerfile
```

现在我们来看看这个 Dockerfile 的内容，如代码清单 6-19 所示。

代码清单 6-19　WAR 文件的获取程序

```
FROM ubuntu:14.04
MAINTAINER James Turnbull <james@example.com>
ENV REFRESHED_AT 2014-06-01

RUN apt-get -yqq update
RUN apt-get -yqq install wget

VOLUME [ "/var/lib/tomcat7/webapps/" ]
WORKDIR /var/lib/tomcat7/webapps/

ENTRYPOINT [ "wget" ]
CMD [ "-?" ]
```

这个非常简单的镜像只做了一件事：容器执行时，使用 wget 从指定的 URL 获取文件并把文件保存在 /var/lib/tomcat7/webapps/ 目录。这个目录也是一个卷，并且是所有容器的工作目录。然后我们会把这个卷共享给 Tomcat 服务器并且运行里面的内容。

最后，如果没有指定 URL，ENTRYPOINT 和 CMD 指令会让容器运行，在容器不带 URL运行的时候，这两条指令通过返回 wget 帮助来做到这一点。

现在我们来构建这个镜像，如代码清单 6-20 所示。

代码清单 6-20　构建获取程序的镜像

```
$ sudo docker build -t jamtur01/fetcher .
```

6.2.2　获取 WAR 文件

现在让我们获取一个示例文件来启动新镜像。从 https://tomcat. apache.org/tomcat-7.0-doc/appdev/sample/ 下载 Apache Tomcat 示例应用，如代码清单 6-21 所示。

代码清单 6-21　获取 WAR 文件

```
$ sudo docker run -t -i --name sample jamtur01/fetcher \
https://tomcat.apache.org/tomcat-7.0-doc/appdev/sample/sample.war
--2014-06-21 06:05:19--  https://tomcat.apache.org/tomcat-7.0-doc/appdev/
  sample/sample.war
```

```
Resolving tomcat.apache.org (tomcat.apache.org)...
  140.211.11.131, 192.87.106.229, 2001:610:1:80bc:192:87:106:229
Connecting to tomcat.apache.org (tomcat.apache.org)
  |140.211.11.131|:443...connected.
HTTP request sent, awaiting response... 200 OK
Length: 4606 (4.5K)
Saving to: 'sample.war'


100%[===================================>] 4,606       --.-K/s   in 0s

2014-06-21 06:05:19 (14.4 MB/s) - 'sample.war' saved [4606/4606]
```

可以看到，容器通过提供的 URL 下载了 sample.war 文件。从输出结果看不出最终的保存路径，但是因为设置了容器的工作目录，sample.war 文件最终会保存到 /var/lib/tomcat7/webapps/目录中。

可以在/var/lib/docker 目录找到这个 WAR 文件。我们先用 docker inspect 命令查找卷的存储位置，如代码清单 6-22 所示。

代码清单 6-22　查看示例里的卷

```
$ sudo docker inspect -f "{{ range .Mounts }}{{.}}{{end}}" sample
{c20a0567145677ed46938825f285402566e821462632e1842e82bc51b47fe4dc
   /var/lib/docker/volumes/
  c20a0567145677ed46938825f285402566e821462632e1842e82bc51b47fe4dc
  /_data /var/lib/tomcat7/webapps local true}
```

然后我们可以查看这个目录，如代码清单 6-23 所示。

代码清单 6-23　查看卷所在的目录

```
$ ls -l /var/lib/docker/volumes/
  c20a0567145677ed46938825f285402566e821462632e1842e82bc51b47fe4dc
  /_data
total 8
-rw-r--r-- 1 root root 4606 Mar 31 2012 sample.war
```

6.2.3　Tomecat 7 应用服务器

现在我们已经有了一个可以获取 WAR 文件的镜像，并已经将示例 WAR 文件下载到了容器中。接下来我们构建 Tomcat 应用服务器的镜像来运行这个 WAR 文件,如代码清单 6-24 所示。

代码清单 6-24   创建 Tomcat 7 Dockerfile

```
$ mkdir tomcat7
$ cd tomcat7
$ touch Dockerfile
```

现在我们来看看这个 Dockerfile,如代码清单 6-25 所示。

代码清单 6-25   Tomcat 7 应用服务器

```
FROM ubuntu:14.04
MAINTAINER James Turnbull <james@example.com>
ENV REFRESHED_AT 2014-06-01


RUN apt-get -yqq update
RUN apt-get -yqq install tomcat7 default-jdk


ENV CATALINA_HOME /usr/share/tomcat7
ENV CATALINA_BASE /var/lib/tomcat7
ENV CATALINA_PID /var/run/tomcat7.pid
ENV CATALINA_SH /usr/share/tomcat7/bin/catalina.sh
ENV CATALINA_TMPDIR /tmp/tomcat7-tomcat7-tmp


RUN mkdir -p $CATALINA_TMPDIR


VOLUME [ "/var/lib/tomcat7/webapps/" ]


EXPOSE 8080


ENTRYPOINT [ "/usr/share/tomcat7/bin/catalina.sh", "run" ]
```

这个镜像很简单。我们需要安装 Java JDK 和 Tomcat 服务器。我们首先指定一些启动 Tomcat 需要的环境变量,然后我们创建一个临时目录,还创建了 /var/lib/tomcat7/ webapps/ 卷,公开了 Tomcat 默认的 8080 端口,最后使用 ENTRYPOINT 指令来启动 Tomcat。

现在我们来构建 Tomcat 7 镜像，如代码清单 6-26 所示。

代码清单 6-26　构建 Tomcat 7 镜像

```
$ sudo docker build -t jamtur01/tomcat7 .
```

6.2.4　运行 WAR 文件

现在，让我们创建一个新的 Tomcat 实例，运行示例应用，如代码清单 6-27 所示。

代码清单 6-27　创建第一个 Tomcat 实例

```
$ sudo docker run --name sample_app --volumes-from sample \
-d -P jamtur01/tomcat7
```

这会创建一个名为 sample_app 的容器，这个容器会复用 sample 容器里的卷。这意味着存储在/var/lib/tomcat7/webapps/卷里的 WAR 文件会从 sample 容器挂载到 sample_app 容器，最终被 Tomcat 加载并执行。

让我们在 Web 浏览器里看看这个示例程序。首先，我们必须使用 docker port 命令找出被公开的端口，如代码清单 6-28 所示。

代码清单 6-28　查找 Tomcat 应用的端口

```
sudo docker port sample_app 8080
0.0.0.0:49154
```

现在我们来浏览这个应用（使用 URL 和端口，并在最后加上/sample）看看都有什么，如图 6-3 所示。

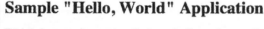

图 6-3　我们的 Tomcat 示例应用

应该能看到正在运行的 Tomcat 应用。

6.2.5   基于 Tomcat 应用服务器的构建服务

现在有了自服务 Web 服务的基础模块，让我们来看看怎么基于这些基础模块做扩展。为了做到这一点，我们已经构建好了一个简单的基于 Sinatra 的 Web 应用，这个应用可以通过网页自动展示 Tomcat 应用。这个应用叫 TProv。可以在本书官网[①]或者 GitHub[②]找到其源代码。

然后我们使用这个程序来演示如何扩展之前的示例。首先，要保证已经安装了 Ruby，如代码清单 6-29 所示。TProv 应用会直接安装在 Docker 宿主机上，因为这个应用会直接和 Docker 守护进程交互。这也正是要安装 Ruby 的地方。

> **注意**
>
> 也可以把 TProv 应用安装在 Docker 容器里。

代码清单 6-29   安装 Ruby

```
$ sudo apt-get -qqy install ruby make ruby-dev
```

然后可以通过 Ruby gem 安装这个应用，如代码清单 6-30 所示。

代码清单 6-30   安装 TProv 应用

```
$ sudo gem install --no-rdoc --no-ri tprov
. . .
Successfully installed tprov-0.0.4
```

这个命令会安装 TProv 应用及相关的支撑 gem。

然后可以使用 tprov 命令来启动应用，如代码清单 6-31 所示。

代码清单 6-31   启动 TProv 应用

```
$ sudo tprov
[2014-06-21 16:17:24] INFO  WEBrick 1.3.1
[2014-06-21 16:17:24] INFO  ruby 1.8.7 (2011-06-30) [x86_64-linux]
== Sinatra/1.4.5 has taken the stage on 4567 for development with backup
from WEBrick
[2014-06-21 16:17:24] INFO  WEBrick::HTTPServer#start: pid=14209 port=4567
```

---

① http://dockerbook.com/code/6/tomcat/tprov/
② https://github.com/jamtur01/dockerbook-code/tree/master/code/6/tomcat/tprov

这个命令会启动应用。现在我们可以在 Docker 宿主机上通过端口 4567 浏览 TProv 网站，如图 6-4 所示。

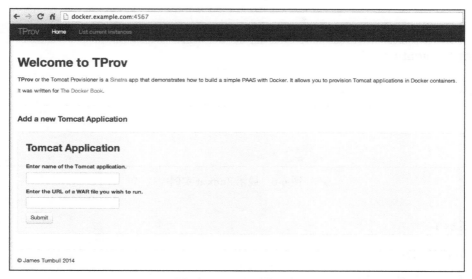

图 6-4　TProv 网络应用

如我们所见，我们可以指定 Tomcat 应用的名字和指向 Tomcat WAR 文件的 URL。从 https://gwt-examples.googlecode.com/files/Calendar.war 下载示例日历应用程序，并将其称为 Calendar，如图 6-5 所示。

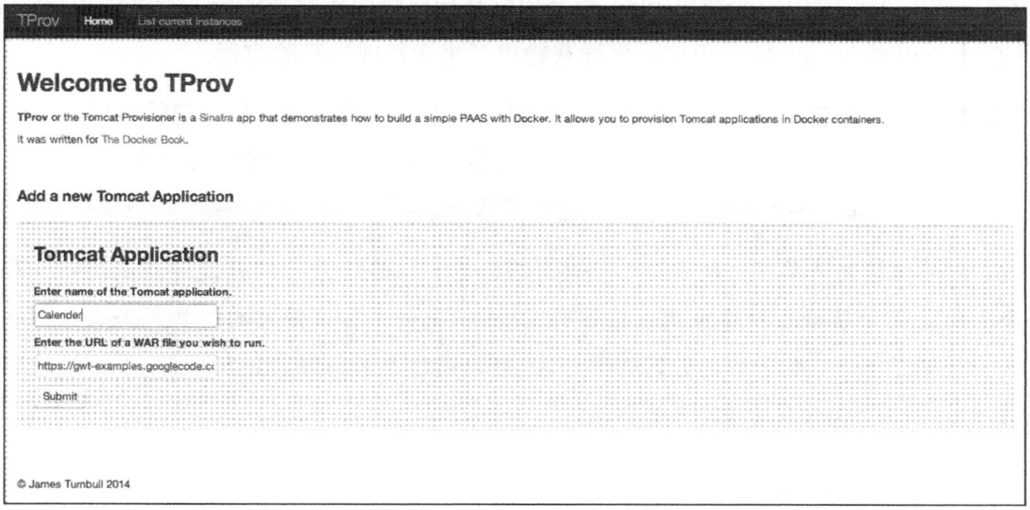

图 6-5　下载示例应用程序

单击 Submit 按钮下载 WAR 文件，将其放入卷里，运行 Tomcat 服务器，加载卷里的 WAR
文件。可以点击 List instances（展示实例）链接来查看实例的运行状态，如图 6-6
所示。

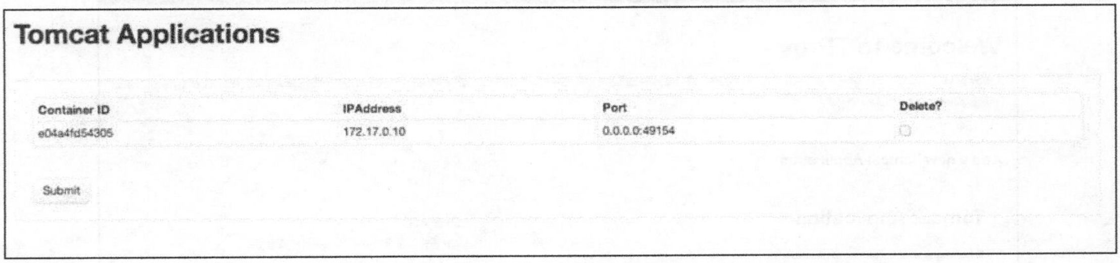

Tomcat Applications

Container ID	IPAddress	Port	Delete?
e04a4fd54305	172.17.0.10	0.0.0.0:49154	☐

Submit

图 6-6　展示 Tomcat 实例

这展示了：

- 容器的 ID；
- 容器的内部 IP 地址；
- 服务映射到的接口和端口。

利用这些信息我们可以通过浏览映射的端口来查看应用的运行状态，还可以使用
Delete?（是否删除）复选框来删除正在运行的实例。

可以查看 TProv 应用的源代码[1]，看看程序是如何实现这些功能的。这个应用很简单，
只是通过 shell 执行 docker 程序，再捕获输出，来运行或者删除容器。

可以随意使用 TProv 代码，在之上做扩展，或者干脆重新写一份自己的代码[2]。本文的
应用主要用于展示，使用 Docker 构建一个应用程序部署管道是很容易的事情。

> **警告**
>
> TProv 应用确实太简单了，缺少某些错误处理和测试。这个应用的开发过程很快：只写了
> 一个小时，用于展示在构建应用和服务时 Docker 是一个多么强大的工具。如果你在这个
> 应用里找到了 bug（或者想把它写得更好），可以通过在 https://github.com/jamtur01/docker
> book-code 提交 issue 或者 PR 来告诉我。

_____

① https://github.com/jamtur01/dockerbook-code/blob/master/code/6/tomcat/tprov/lib/tprov/app.rb
② 完全是你自己写的代码——我很喜欢自己写代码，而不是直接用别人的。

6.3 多容器的应用栈

在最后一个服务应用的示例中我们把一个使用 Express 框架的、带有 Redis 后端的 Node.js 应用完全 Docker 化了。这里要继续演示如何把之前两章学到的 Docker 特性结合起来使用，包括链接和卷。

在这个例子中，我们会构建一系列的镜像来支持部署多容器的应用。

- 一个 Node 容器，用来服务于 Node 应用，这个容器会链接到。
- 一个 Redis 主容器，用于保存和集群化应用状态，这个容器会链接到。
- 两个 Redis 副本容器，用于集群化应用状态。
- 一个日志容器，用于捕获应用日志。

我们的 Node 应用程序会运行在一个容器中，它后面会有一个配置为“主-副本”模式运行在多个容器中的 Redis 集群。

6.3.1 Node.js 镜像

先从构建一个安装了 Node.js 的镜像开始，这个镜像有 Express 应用和相应的必要的软件包，如代码清单 6-32 所示。

代码清单 6-32　创建 Node.js `Dockerfile`

```
$ mkdir nodejs
$ cd nodejs
$ mkdir -p nodeapp
$ cd nodeapp
$ wget https://raw.githubusercontent.com/jamtur01/dockerbook-code
  /master/code/6/node/nodejs/nodeapp/package.json
$ wget https://raw.githubusercontent.com/jamtur01/dockerbook-code
  /master/code/6/node/nodejs/nodeapp/server.js
$ cd ..
$ vi Dockerfile
```

我们已经创建了一个叫 `nodejs` 的新目录，然后创建了子目录 `nodeapp` 来保存应用代码。然后我们进入这个目录，并下载了 Node.js 应用的源代码。

注意

可以从本书官网①或者 GitHub 仓库②下载 Node 应用的源代码。

最后我们回到了 nodejs 目录。现在我们来看看这个 Dockerfile 的内容，如代码清单 6-33 所示。

代码清单 6-33　Node.js 镜像

```
FROM ubuntu:14.04
MAINTAINER James Turnbull <james@example.com>
ENV REFRESHED_AT 2014-06-01

RUN apt-get -yqq update
RUN apt-get -yqq install nodejs npm
RUN ln -s /usr/bin/nodejs /usr/bin/node
RUN mkdir -p /var/log/nodeapp

ADD nodeapp /opt/nodeapp/

WORKDIR /opt/nodeapp
RUN npm install

VOLUME [ "/var/log/nodeapp" ]

EXPOSE 3000

ENTRYPOINT [ "nodejs", "server.js" ]
```

Node.js 镜像安装了 Node，然后我们用了一个简单的技巧把二进制文件 nodejs 链接到 node，解决了 Ubuntu 上原有的一些无法向后兼容的问题。

然后我们将 nodeapp 的源代码通过 ADD 指令添加到 /opt/nodeapp 目录。这个 Node.js 应用是一个简单的 Express 服务器，包括一个存放应用依赖信息的 package.json 文件和包含实际应用代码的 server.js 文件，我们来看一下该应用的部分代码，如代码清单 6-34 所示。

---

① http://dockerbook.com/code/6/node/
② https://github.com/jamtur01/dockerbook-code/tree/master/code/6/node/

代码清单 6-34　Node.js 应用的 `server.js` 文件

```
. . .

var logFile = fs.createWriteStream('/var/log/nodeapp/nodeapp.log',
{flags: 'a'});

app.configure(function() {

. . .

  app.use(express.session({
      store: new RedisStore({
          host: process.env.REDIS_HOST || 'redis_primary',
          port: process.env.REDIS_PORT || 6379,
          db: process.env.REDIS_DB || 0
      }),
      cookie: {

. . .

app.get('/', function(req, res) {
  res.json({
    status: "ok"
  });
});

. . .

var port = process.env.HTTP_PORT || 3000;
server.listen(port);
console.log('Listening on port ' + port);
```

server.js 文件引入了所有的依赖，并启动了 Express 应用。Express 应用把会话
（session）信息保存到 Redis 里，并创建了一个以 JSON 格式返回状态信息的节点。这个应用
默认使用 redis_primary 作为主机名去连接 Redis，如果有必要，可以通过环境变量覆盖
这个默认的主机名。

这个应用会把日志记录到/var/log/nodeapp/nodeapp.log 文件里，并监听 3000
端口。

接着我们将工作目录设置为/opt/nodeapp，并且安装了 Node 应用的必要软件包，还创建了用于存放 Node 应用日志的卷/var/log/nodeapp。

最后我们公开了 3000 端口，并使用 ENTRYPOINT 指定了运行 Node 应用的命令 nodejs server.js。

现在我们来构建镜像，如代码清单 6-35 所示。

代码清单 6-35　构建 Node.js 镜像

```
$ sudo docker build -t jamtur01/nodejs .
```

6.3.2　Redis 基础镜像

现在我们继续构建第一个 Redis 镜像：安装 Redis 的基础镜像（如代码清单 6-36 所示）。然后我们会使用这个镜像构建 Redis 主镜像和副本镜像。

代码清单 6-36　创建 Redis 基础镜像的 `Dockerfile`

```
$ mkdir redis_base
$ cd redis_base
$ vi Dockerfile
```

现在我们来看看这个 Dockerfile 的内容，如代码清单 6-37 所示。

代码清单 6-37　基础 Redis 镜像

```
FROM ubuntu:14.04
MAINTAINER James Turnbull <james@example.com>
ENV REFRESHED_AT 2014-06-01

RUN apt-get -yqq update
RUN apt-get install -yqq software-properties-common python-software-
properties
RUN add-apt-repository ppa:chris-lea/redis-server
```

---

① http://dockerbook.com/code/6/node/
② https://github.com/jamtur01/dockerbook-code/tree/master/code/6/node/

```
RUN apt-get -yqq update
RUN apt-get -yqq install redis-server redis-tools

VOLUME [ "/var/lib/redis", "/var/log/redis/" ]

EXPOSE 6379
CMD []
```

这个 Redis 基础镜像安装了最新版本的 Redis（从 PPA 库安装，而不是使用 Ubuntu 自带的较老的 Redis 包），指定了两个 VOLUME（/var/lib/redis 和/var/log/redis），公开了 Redis 的默认端口 6379。因为不会执行这个镜像，所以没有包含 ENTRYPOINT 或者 CMD 指令。然后我们将只是基于这个镜像构建别的镜像。

现在我们来构建 Redis 基础镜像，如代码清单 6-38 所示。

代码清单 6-38 构建 Redis 基础镜像

```
$ sudo docker build -t jamtur01/redis .
```

6.3.3 Redis 主镜像

我们继续构建第一个 Redis 镜像，即 Redis 主服务器，如代码清单 6-39 所示。

代码清单 6-39 创建 Redis 主服务器的 `Dockerfile`

```
$ mkdir redis_primary
$ cd redis_primary
$ vi Dockerfile
```

我们来看看这个 `Dockerfile` 的内容，如代码清单 6-40 所示。

代码清单 6-40 Redis 主镜像

```
FROM jamtur01/redis
MAINTAINER James Turnbull <james@example.com>
ENV REFRESHED_AT 2014-06-01

ENTRYPOINT [ "redis-server", "--logfile /var/log/redis/redis-server.log" ]
```

Redis 主镜像基于之前的 jamtur01/redis 镜像，并通过 ENTRYPOINT 指令指定了 Redis 服务启动命令，Redis 服务的日志文件保存到/var/log/redis/redis-server.log。

现在我们来构建 Redis 主镜像，如代码清单 6-41 所示。

代码清单 6-41   构建 Redis 主镜像

```
$ sudo docker build -t jamtur01/redis_primary .
```

6.3.4   Redis 副本镜像

为了配合 Redis 主镜像，我们会创建 Redis 副本镜像，保证为 Node.js 应用提供 Redis 服务的冗余度，如代码清单 6-42 所示。

代码清单 6-42   创建 Redis 副本镜像的 **Dockerfile**

```
$ mkdir redis_replica
$ cd redis_replica
$ touch Dockerfile
```

现在我们来看看对应的 Dockerfile，如代码清单 6-43 所示。

代码清单 6-43   Redis 副本镜像

```
FROM jamtur01/redis
MAINTAINER James Turnbull <james@example.com>
ENV REFRESHED_AT 2014-06-01

ENTRYPOINT [ "redis-server", "--logfile /var/log/redis/redis-replica.log",
  "--slaveof redis_primary 6379" ]
```

Redis 副本镜像也是基于 jamtur01/redis 构建的，并且通过 ENTRYPOINT 指令指定了运行 Redis 服务器的命令，设置了日志文件和 slaveof 选项。这就把 Redis 配置为主-副本模式，从这个镜像构建的任何容器都会将 redis_primary 主机的 Redis 作为主服务，连接其 6379 端口，成为其对应的副本服务器。

现在我们来构建 Redis 副本镜像，如代码清单 6-44 所示。

代码清单 6-44   构建 Redis 副本镜像

```
$ sudo docker build -t jamtur01/redis_replica .
```

6.3.5   创建 Redis 后端集群

现在我们已经有了 Redis 主镜像和副本镜像，已经可以构建我们自己的 Redis 复制环境了。首先我们创建一个用来运行我们的 Express 应用程序的网络，我们称其为 express，如代码清单 6-45 所示。

代码清单 6-45　创建 express 网络

```
$ sudo docker network create express
dfe9fe7ee5c9bfa035b7cf10266f29a701634442903ed9732dfdba2b509680c2
```

现在让我们在这个网络中运行 Redis 主容器，如代码清单 6-46 所示。

代码清单 6-46　运行 Redis 主容器

```
$ sudo docker run -d -h redis_primary \
--net express --name redis_primary jamtur01/redis_primary
d21659697baf56346cc5bbe8d4631f670364ffddf4863ec32ab0576e85a73d27
```

这里使用 `docker run` 命令从 `jamtur01/redis_primary` 镜像创建了一个容器。这里使用了一个以前没有见过的新标志 `-h`，这个标志用来设置容器的主机名。这会覆盖默认的行为（默认将容器的主机名设置为容器 ID）并允许我们指定自己的主机名。使用这个标志可以确保容器使用 `redis_primary` 作为主机名，并被本地的 DNS 服务正确解析。

我们已经指定了 `--name` 标志，确保容器的名字是 `redis_primary`，我们还指定了 `--net` 标志，确保该容器在 express 网络中运行。稍后我们会看到，我们将使用这个网络来保证容器连通性。

让我们使用 `docker logs` 命令来查看 Redis 容器的运行状况，如代码清单 6-47 所示。

代码清单 6-47　Redis 主容器的日志

```
$ sudo docker logs redis_primary
```

什么日志都没有？这是怎么回事？原来 Redis 服务会将日志记录到一个文件而不是记录到标准输出，所以使用 Docker 查看不到任何日志。那怎么能知道 Redis 服务器的运行情况呢？为了做到这一点，可以使用之前创建的 `/var/log/redis` 卷。现在我们来看看这个卷，读取一些日志文件的内容，如代码清单 6-48 所示。

代码清单 6-48　读取 Redis 主日志

```
$ sudo docker run -ti --rm --volumes-from redis_primary \
ubuntu cat /var/log/redis/redis-server.log
```

```
...
[1] 25 Jun 21:45:03.074 # Server started, Redis version 2.8.12
[1] 25 Jun 21:45:03.074 # WARNING overcommit_memory is set to 0!
 Background save may fail under low memory condition. To fix
 this issue add 'vm.overcommit_memory = 1' to /etc/sysctl.conf
 and then reboot or run the command 'sysctl vm.overcommit_memory
 =1' for this to take effect.
[1] 25 Jun 21:45:03.074 * The server is now ready to accept
 connections on port 6379
```

这里以交互方式运行了另一个容器。这个命令指定了--rm 标志，它会在进程运行完后
自动删除容器。我们还指定了--volumes-from 标志，告诉它从 redis_primary 容器挂
载了所有的卷。然后我们指定了一个 ubuntu 基础镜像，并告诉它执行 cat var/log/
redis/redis-server.log 来展示日志文件。这种方法利用了卷的优点，可以直接从
redis_primary 容器挂载/var/log/redis 目录并读取里面的日志文件。一会儿我们将
会看到更多使用这个命令的情况。

查看 Redis 日志，可以看到一些常规警告，不过一切看上去都没什么问题。Redis 服务
器已经准备好从 6379 端口接收数据了。

那么下一步，我们创建一个 Redis 副本容器，如代码清单 6-49 所示。

代码清单 6-49 运行第一个 Redis 副本容器

```
$ sudo docker run -d -h redis_replica1 \
--name redis_replica1 \
--net express \
jamtur01/redis_replica
0ae440b5c56f48f3190332b4151c40f775615016bf781fc817f631db5af34ef8
```

这里我们运行了另一个容器：这个容器来自 jamtur01/redis_replica 镜像。和之
前一样，命令里指定了主机名（通过-h 标志）和容器名（通过--name 标志）都是 redis_
replica1。我们还使用了--net 标志在 express 网络中运行 Redis 副本容器。

> **提示**
>
> 在 Docker 1.9 之前的版本中，不能使用 Docker Networking，只能使用 Docker 链接来连接
> Redis 主容器和副本容器。

现在我们来检查一下这个新容器的日志，如代码清单 6-50 所示。

代码清单 6-50   读取 Redis 副本容器的日志

```
$ sudo docker run -ti --rm --volumes-from redis_replica1 \
ubuntu cat /var/log/redis/redis-replica.log
...
[1] 25 Jun 22:10:04.240 # Server started, Redis version 2.8.12
[1] 25 Jun 22:10:04.240 # WARNING overcommit_memory is set to 0!
 Background save may fail under low memory condition. To fix
 this issue add 'vm.overcommit_memory = 1' to /etc/sysctl.conf
 and then reboot or run the command 'sysctl vm.overcommit_memory
 =1' for this to take effect.
[1] 25 Jun 22:10:04.240 * The server is now ready to accept
connections on port 6379
[1] 25 Jun 22:10:04.242 * Connecting to MASTER redis_primary:6379
[1] 25 Jun 22:10:04.244 * MASTER <-> SLAVE sync started
[1] 25 Jun 22:10:04.244 * Non blocking connect for SYNC fired the event.
[1] 25 Jun 22:10:04.244 * Master replied to PING, replication can
 continue...
[1] 25 Jun 22:10:04.245 * Partial resynchronization not possible
 (no cached master)
[1] 25 Jun 22:10:04.246 * Full resync from master: 24
 a790df6bf4786a0e886be4b34868743f6145cc:1485
[1] 25 Jun 22:10:04.274 * MASTER <-> SLAVE sync: receiving 18 bytes from
 master
[1] 25 Jun 22:10:04.274 * MASTER <-> SLAVE sync: Flushing old data
[1] 25 Jun 22:10:04.274 * MASTER <-> SLAVE sync: Loading DB in memory
[1] 25 Jun 22:10:04.275 * MASTER <-> SLAVE sync: Finished with success
```

这里通过交互的方式运行了一个新容器来查询日志。和之前一样，我们又使用了--rm 标志，它在命令执行完毕后自动删除容器。我们还指定了--volumes-from 标志，挂载了 redis_replica1 容器的所有卷。然后我们指定了 ubuntu 基础镜像，并让它 cat 日志文件/var/log/ redis/redis-replica.log。

到这里我们已经成功启动了 redis_primary 和 redis_replica1 容器，并让这两个容器进行主从复制。

现在我们来加入另一个副本容器 redis_replica2，确保万无一失，如代码清单 6-51 所示。

代码清单 6-51　运行第二个 Redis 副本容器

```
$ sudo docker run -d -h redis_replica2 \
--name redis_replica2 \
--net express \
jamtur01/redis_replica
72267cd74c412c7b168d87bba70f3aaa3b96d17d6e9682663095a492bc260357
```

我们来看看新容器的日志，如代码清单 6-52 所示。

代码清单 6-52　第二个 Redis 副本容器的日志

```
$ sudo docker run -ti --rm --volumes-from redis_replica2 ubuntu \
cat /var/log/redis/redis-replica.log
. . .
[1] 25 Jun 22:11:39.417 # Server started, Redis version 2.8.12
[1] 25 Jun 22:11:39.417 # WARNING overcommit_memory is set to 0!
 Background save may fail under low memory condition. To fix
 this issue add 'vm.overcommit_memory = 1' to /etc/sysctl.conf
 and then reboot or run the command 'sysctl vm.overcommit_memory
 =1' for this to take effect.
[1] 25 Jun 22:11:39.417 * The server is now ready to accept connections
 on port 6379
[1] 25 Jun 22:11:39.417 * Connecting to MASTER redis_primary:6379
[1] 25 Jun 22:11:39.422 * MASTER <-> SLAVE sync started
[1] 25 Jun 22:11:39.422 * Non blocking connect for SYNC fired the event.
[1] 25 Jun 22:11:39.422 * Master replied to PING, replication can
 continue...
[1] 25 Jun 22:11:39.423 * Partial resynchronization not possible
 (no cached master)
[1] 25 Jun 22:11:39.424 * Full resync from master: 24
 a790df6bf4786a0e886be4b34868743f6145cc:1625
[1] 25 Jun 22:11:39.476 * MASTER <-> SLAVE sync: receiving 18 bytes from
 master
[1] 25 Jun 22:11:39.476 * MASTER <-> SLAVE sync: Flushing old data
[1] 25 Jun 22:11:39.476 * MASTER <-> SLAVE sync: Loading DB in memory
```

现在可以确保 Redis 服务万无一失了！

6.3.6　创建 Node 容器

现在我们已经让 Redis 集群运行了，我们可以为启动 Node.js 应用启动一个容器，如代码清单 6-53 所示。

代码清单 6-53　运行 Node.js 容器

```
$ sudo docker run -d \
--name nodeapp -p 3000:3000 \
--net express \
jamtur01/nodejs
9a9dd33957c136e98295de7405386ed2c452e8ad263a6ec1a2a08b24f80fd175
```

提示

在 Docker 1.9 之前的版本中，不能使用 Docker Networking，只能使用 Docker 链接来连接 Node 和 Redis 容器。

我们从 jamtur01/nodejs 镜像创建了一个新容器，命名为 nodeapp，并将容器内的 3000 端口映射到宿主机的 3000 端口。同样我们的新 nodeapp 容器也是运行在 express 网络中。

可以使用 docker logs 命令来看看 nodeapp 容器在做什么，如代码清单 6-54 所示。

代码清单 6-54　nodeapp 容器的控制台日志

```
$ sudo docker logs nodeapp
Listening on port 3000
```

从这个日志可以看到 Node 应用程序监听了 3000 端口。

现在我们在 Docker 宿主机上打开相应的网页，看看应用工作的样子，如图 6-7 所示。

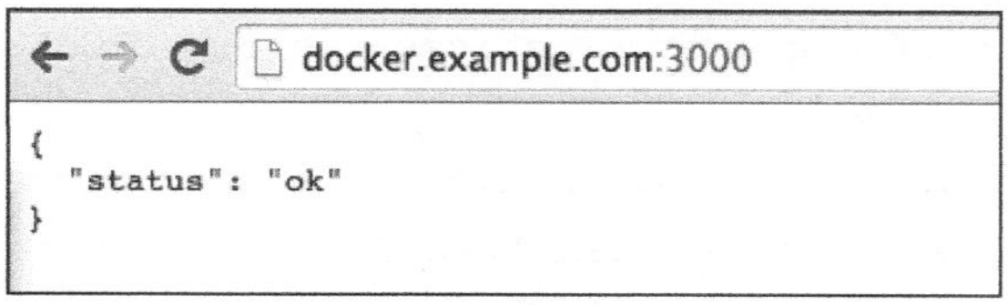

图 6-7　Node 应用程序

可以看到 Node 应用只是简单地返回了 OK 状态，如代码清单 6-55 所示。

代码清单 6-55　Node 应用的输出

```
{
  "status": "ok"
}
```

这个输出表明应用正在工作。浏览器的会话状态会先被记录到 Redis 主容器 redis_primary，然后复制到两个 Redis 副本容器 redis_replica1 和 redis_replica2。

6.3.7　捕获应用日志

现在应用已经可以运行了，需要把这个应用放到生产环境中。在生产环境里需要确保可以捕获日志并将日志保存到日志服务器。我们将使用 Logstash[①]来完成这件事。我们先来创建一个 Logstash 镜像，如代码清单 6-56 所示。

代码清单 6-56　创建 Logstash 的 `Dockerfile`

```
$ mkdir logstash
$ cd logstash
$ touch Dockerfile
```

现在我们来看看这个 `Dockerfile` 的内容，如代码清单 6-57 所示。

代码清单 6-57　Logstash 镜像

```
FROM ubuntu:14.04
MAINTAINER James Turnbull <james@example.com>
ENV REFRESHED_AT 2014-06-01

RUN apt-get -yqq update
RUN apt-get -yqq install wget
RUN wget -O - http://packages.elasticsearch.org/GPG-KEY-elasticsearch |
  apt-key add -
RUN echo 'deb http://packages.elasticsearch.org/logstash/1.4/debian
  stable main' > /etc/apt/sources.list.d/logstash.list
RUN apt-get -yqq update
RUN apt-get -yqq install logstash

ADD logstash.conf /etc/

WORKDIR /opt/logstash
```

---

① http://logstash.net/

```
ENTRYPOINT [ "bin/logstash" ]
CMD [ "--config=/etc/logstash.conf" ]
```

我们已经创建了镜像并安装了 Logstash，然后将 `logstash.conf` 文件使用 `ADD` 指令添加到/etc/目录。现在我们来看看 `logstash.conf` 文件的内容，如代码清单 6-58 所示。

代码清单 6-58   Logstash 配置文件

```
input {
  file {
    type => "syslog"
    path => ["/var/log/nodeapp/nodeapp.log", "/var/log/redis/
      redis-server.log"]
  }
}
output {
  stdout {
    codec => rubydebug
  }
}
```

这个 Logstash 配置很简单，它监控两个文件，即/var/log/nodeapp/nodeapp.log和/var/log/redis/redis-server.log。Logstash 会一直监视这两个文件，将其中新的内容发送给 Logstash。配置文件的第二部分是 `output` 部分，接受所有 Logstash 输入的内容并将其输出到标准输出上。现实中，一般会将 Logstash 配置为输出到 Elasticsearch 集群或者其他的目的地，不过这里只使用标准输出做演示，所以忽略了现实的细节。

> **注意**
>
> 如果不太了解 Logstash，想要深入学习可以参考作者的书[1]或者 Logstash 文档[2]。

我们指定了工作目录为/opt/logstash。最后，我们指定了 `ENTRYPOINT` 为 `bin/logstash`，并且指定了 `CMD` 为--config=/etc/logstash.conf。这样容器启动时会启动 Logstash 并加载/etc/logstash.conf 配置文件。

现在我们来构建 Logstash 镜像，如代码清单 6-59 所示。

---

[1] http://www.logstashbook.com
[2] http://logstash.net

代码清单 6-59　构建 Logstash 镜像

```
$ sudo docker build -t jamtur01/logstash .
```

构建好镜像后，可以从这个镜像启动一个容器，如代码清单 6-60 所示。

代码清单 6-60　启动 Logstash 容器

```
$ sudo docker run -d --name logstash \
--volumes-from redis_primary \
--volumes-from nodeapp \
jamtur01/logstash
```

我们成功地启动了一个名为 `logstash` 的新容器，并指定了两次`--volumes-from`标志，分别挂载了 `redis_primary` 和 `nodeapp` 容器的卷，这样就可以访问 Redis 和 Node 的日志文件了。任何加到这些日志文件里的内容都会反映在 `logstash` 容器的卷里，并传给 Logstash 做后续处理。

现在我们使用`-f`标志来查看 `logstash` 容器的日志，如代码清单 6-61 所示。

代码清单 6-61　`logstash` 容器的日志

```
$ sudo docker logs -f logstash
{:timestamp=>"2014-06-26T00:41:53.273000+0000", :message=>"Using
  milestone 2 input plugin 'file'. This plugin should be stable,
  but if you see strange behavior, please let us know! For more
  information on plugin milestones, see http://logstash.net/docs
  /1.4.2-modified/plugin-milestones", :level=>:warn}
```

现在再在浏览器里刷新 Web 应用，产生一个新的日志事件。这样应该能在 `logstash` 容器的输出中看到这个事件，如代码清单 6-62 所示。

代码清单 6-62　Logstash 中的 Node 事件

```
{
        "message" => "63.239.94.10 - - [Thu, 26 Jun 2014 01:28:42
        GMT] \"GET /hello/frank HTTP/1.1\" 200 22 \"-\" \"
        Mozilla/5.0 (Macintosh; Intel Mac OS X 10_9_4)
        AppleWebKit/537.36 (KHTML, like Gecko) Chrome
        /35.0.1916.153 Safari/537.36\"",
```

```
            "@version" => "1",
          "@timestamp" => "2014-06-26T01:28:42.593Z",
                 "type" => "syslog",
                 "host" => "cfa96519ba54",
                 "path" => "/var/log/nodeapp/nodeapp.log"
}
```

现在 Node 和 Redis 容器都将日志输出到了 Logstash。在生产环境中，这些事件会发到 Logstash 服务器并存储在 Elasticsearch 里。如果要加入新的 Redis 副本容器或者其他组件，也可以很容易地将其日志输出到日志容器里。

> **注意**
>
> 如果需要，也可以通过卷对 Redis 做备份。

6.3.8　Node 程序栈的小结

现在我们已经演示过了如何使用多个容器组成应用程序栈，演示了如何使用 Docker 链接来将应用容器连在一起，还演示了如何使用 Docker 卷来管理应用中各种数据。这些技术可以很容易地用来构建更加复杂的应用程序和架构。

6.4　不使用 SSH 管理 Docker 容器

最后，在结束关于使用 Docker 运行服务的话题之前，了解一些管理 Docker 容器的方法以及这些方法与传统管理方法的区别是很重要的。

传统上讲，通过 SSH 登入运行环境或者虚拟机里来管理服务。在 Docker 的世界里，大部分容器都只运行一个进程，所以不能使用这种访问方法。不过就像之前多次看到的，其实不需要这种访问：可以使用卷或者链接完成大部分同样的管理操作。比如说，如果服务通过某个网络接口做管理，就可以在启动容器时公开这个接口；如果服务通过 Unix 套接字（socket）来管理，就可以通过卷公开这个套接字。如果需要给容器发送信号，就可以像代码清单 6-63 所示那样使用 docker kill 命令发送信号。

代码清单 6-63　使用 docker kill 发送信号

```
$ sudo docker kill -s <signal> <container>
```

这个操作会发送指定的信号（如 HUP 信号）给容器，而不是杀掉容器。

然而，有时候确实需要登入容器。即便如此，也不需要在容器里执行 SSH 服务或者打开任何不必要的访问。需要登入容器时，可以使用一个叫 nsenter 的小工具。

> **注意**
>
> nsenter 一般适用于 Docker 1.2 或者更早的版本。docker exec 命令是在 Docker 1.3 中引入的，替换了它的大部分功能。

工具 nsenter 让我们可以进入 Docker 用来构成容器的内核命名空间。从技术上说，这个工具可以进入一个已经存在的命名空间，或者在新的一组命名空间里执行一个进程。简单来说，使用 nsenter 可以进入一个已经存在的容器的 shell，即便这个容器没有运行 SSH 或者任何类似目的的守护进程。可以通过 Docker 容器安装 nsenter，如代码清单 6-64 所示。

代码清单 6-64　安装 nsenter

```
$ sudo docker run -v /usr/local/bin:/target jpetazzo/nsenter
```

这会把 nsenter 安装到/usr/local/bin 目录下，然后立刻就可以使用这个命令。

> **提示**
>
> 工具 nsenter 也可能由所使用的 Linux 发行版（在 util-linux 包里）提供。

为了使用 nsenter，首先要拿到要进入的容器的进程 ID（PID）。可以使用 docker inspect 命令获得 PID，如代码清单 6-65 所示。

代码清单 6-65　获取容器的进程 ID

```
PID=$(sudo docker inspect --format '{{.State.Pid}}' <container>)
```

然后就可以进入容器，如代码清单 6-66 所示。

代码清单 6-66　使用 nsenter 进入容器

```
$ sudo nsenter --target $PID --mount --uts --ipc --net --pid
```

这会在容器里启动一个 shell，而不需要 SSH 或者其他类似的守护进程或者进程。

我们还可以将想在容器内执行的命令添加在 nsenter 命令行的后面，如代码清单 6-67 所示。

代码清单 6-67 使用 `nsenter` 在容器内执行命令

```
$ sudo nsenter --target $PID --mount --uts --ipc --net --pid ls
bin boot dev etc home lib lib64 media mnt opt proc . . .
```

这会在目标容器内执行 `ls` 命令。

6.5 小结

在本章中我们演示了如何使用 Docker 容器构建一些生产用的服务程序，还进一步演示了如何构建多容器服务并管理应用栈。本章的例子将 Docker 链接和卷融合在一起，并使用这些特性提供一些扩展的功能，比如记录日志和备份。

在下一章中我们会演示如何使用 Docker Compose、Docker Swarm 和 Consul 工具来对 Docker 进行编配。

第 7 章

Docker 编配和服务发现

编配（orchestration）是一个没有严格定义的概念。这个概念大概描述了自动配置、协作和管理服务的过程。在 Docker 的世界里，编配用来描述一组实践过程，这个过程会管理运行在多个 Docker 容器里的应用，而这些 Docker 容器有可能运行在多个宿主机上。Docker 对编配的原生支持非常弱，不过整个社区围绕编配开发和集成了很多很棒的工具。

在现在的生态环境里，已经围绕 Docker 构建和集成了很多的工具。一些工具只是简单地将多个容器快捷地"连"在一起，使用简单的组合来构建应用程序栈。另外一些工具提供了在更大规模多个 Docker 宿主机上进行协作的能力，以及复杂的调度和执行能力。

刚才提到的这些领域，每个领域都值得写一本书。不过本书只介绍这些领域里几个有用的工具，这些工具可以让读者了解应该如何实际对容器进行编配。希望这些工具可以帮读者构建自己的 Docker 环境。

本章将关注以下 3 个领域。

- 简单的容器编配。这部分内容会介绍 Docker Compose。Docker Compose（之前的 Fig）是由 Orchard 团队开发的开源 Docker 编配工具，后来 2014 年被 Docker 公司收购。这个工具用 Python 编写，遵守 Apache 2.0 许可。

- 分布式服务发现。这部分内容会介绍 Consul。Consul 使用 Go 语言开发，以 MPL 2.0 许可授权开源。这个工具提供了分布式且高可用的服务发现功能。本书会展示如何使用 Consul 和 Docker 来管理应用，发现相关服务。

- Docker 的编配和集群。在这里我们将会介绍 Swarm。Swarm 是一个开源的、基于 Apache 2.0 许可证发布的软件。它用 Go 语言编写，由 Docker 公司团队开发。

提示

本章的后面我还会谈论可用的许多其他的编配工具。

7.1 Docker Compose

现在先来熟悉一下 Docker Compose。使用 Docker Compose，可以用一个 YAML 文件定义一组要启动的容器，以及容器运行时的属性。Docker Compose 称这些容器为"服务"，像这样定义：

容器通过某些方法并指定一些运行时的属性来和其他容器产生交互。

下面会介绍如何安装 Docker Compose，以及如何使用 Docker Compose 构建一个简单的多容器应用程序栈。

7.1.1 安装 Docker Compose

现在开始安装 Docker Compose。Docker Compose 目前可以在 Linux、Windows 和 OS X 上使用。可以通过直接安装可执行包来安装，或者通过 Docker Toolbox 安装，也可以通过 Python Pip 包来安装。

为了在 Linux 上安装 Docker Compose，可以从 GitHub 下载 Docker Compose 的可执行包，并让其可执行。和 Docker 一样，Docker Compose 目前只能安装在 64 位 Linux 上。可以使用 curl 命令来完成安装，如代码清单 7-1 所示。

代码清单 7-1　在 Linux 上安装 Docker Compose

```
$ sudo bash -c "curl -L https://github.com/docker/compose/
releases/download/1.5.0/docker-compose-`uname -s`-`uname -m` >
/usr/local/bin/docker-compose"
$ sudo chmod +x /usr/local/bin/docker-compose
```

这个命令会从 GitHub 下载 docker-compose 可执行程序并安装到 /usr/local/bin 目录中。之后使用 chmod 命令确保可执行程序 docker-compose 可以执行。

如果是在 OS X 上，Docker Toolbox 已经包含了 Docker Compose，或者可以像代码清单 7-2 所示这样进行安装。

代码清单 7-2　在 OS X 上安装 Docker Compose

```
$ sudo bash -c "curl -L https://github.com/docker/compose/
releases/download/1.5.0/docker-compose-Darwin-x86_64 > /usr/
local/bin/docker-compose"
$ sudo chmod +x /usr/local/bin/docker-compose
```

如果是在 Windows 平台上，也可以用 Docker Toolbox，里面包含了 Docker Compose。

如果是在其他平台上或者偏好使用包来安装，Compose 也可以作为 Python 包来安装。这需要预先安装 Python-Pip 工具，保证存在 pip 命令。这个命令在大部分 Red Hat、Debian 或者 Ubuntu 发行版里，都可以通过 python-pip 包安装，如代码清单 7-3 所示。

代码清单 7-3　通过 Pip 安装 Docker Compose

```
$ sudo pip install -U docker-compose
```

安装好 docker-compose 可执行程序后，就可以通过使用--version 标志调用 docker-compose 命令来测试其可以正常工作，如代码清单 7-4 所示。

代码清单 7-4　测试 Docker Compose 是否工作

```
$ docker-compose --version
docker-compose 1.5.0
```

> **注意**
>
> 如果从 1.3.0 之前的版本升级而来，那么需要将容器格式也升级到 1.3.0 版本，这可以通过 docker-compose migrate-to-labels 命令来实现。

7.1.2　获取示例应用

为了演示 Compose 是如何工作的，这里使用一个 Python Flask 应用作为例子，这个例子使用了以下两个容器。

● 应用容器，运行 Python 示例程序。

● Redis 容器，运行 Redis 数据库。

现在开始构建示例应用。首先，创建一个目录并创建 Dockerfile，如代码清单 7-5 所示。

代码清单 7-5　创建 `composeapp` 目录

```
$ mkdir composeapp
$ cd composeapp
$ touch Dockerfile
```

这里创建了一个叫作 `composeapp` 的目录来保存示例应用。之后进入这个目录，创建了一个空 `Dockerfile`，用于保存构建 Docker 镜像的指令。

之后，需要添加应用程序的源代码。创建一个名叫 `app.py` 的文件，并写入代码清单 7-6 所示的 Python 代码。

代码清单 7-6　app.py 文件

```python
from flask import Flask
from redis import Redis
import os

app = Flask(__name__)
redis = Redis(host="redis_1", port=6379)

@app.route('/')
def hello():
    redis.incr('hits')
    return 'Hello Docker Book reader! I have been seen {0} times'
      .format(redis.get('hits'))

if __name__ == "__main__":
    app.run(host="0.0.0.0", debug=True)
```

> **提示**
>
> 读者可以在 GitHub[①]或者本书官网[②]找到源代码。

这个简单的 Flask 应用程序追踪保存在 Redis 里的计数器。每次访问根路径/时，计数器会自增。

现在还需要创建 `requirements.txt` 文件来保存应用程序的依赖关系。创建这个文

[①] https://github.com/jamtur01/dockerbook-code/tree/master/code/7/composeapp
[②] http://www.dockerbook.com/code/

件，并加入代码清单 7-7 列出的依赖。

代码清单 7-7　`requirements.txt` 文件

```
flask
redis
```

现在来看看 Dockerfile，如代码清单 7-8 所示。

代码清单 7-8　`composeapp` 的 Dockerfile

```
# Compose 示例应用的镜像
FROM python:2.7
MAINTAINER James Turnbull <james@example.com>

ADD . /composeapp

WORKDIR /composeapp

RUN pip install -r requirements.txt
```

这个 Dockerfile 很简单。它基于 python:2.7 镜像构建。首先添加文件 app.py 和 requirements.txt 到镜像中的/composeapp 目录。之后 Dockerfile 将工作目录设置为/composeapp，并执行 pip 命令来安装应用的依赖：flask 和 redis。

使用 docker build 来构建镜像，如代码清单 7-9 所示。

代码清单 7-9　构建 `composeapp` 应用

```
$ sudo docker build -tjamtur01/composeapp .
Sending build context to Docker daemon  16.9 kB
Sending build context to Docker daemon
Step 0 : FROM python:2.7
 ---> 1c8df2f0c10b
Step 1 : MAINTAINER James Turnbull <james@example.com>
 ---> Using cache
 ---> aa564fe8be5a
Step 2 : ADD . /composeapp
 ---> c33aa147e19f
Removing intermediate container 0097bc79d37b
```

```
Step 3 : WORKDIR /composeapp
 ---> Running in 76e5ee8544b3
 ---> d9da3105746d
Removing intermediate container 76e5ee8544b3
Step 4 : RUN pip install -r requirements.txt
 ---> Running in e71d4bb33fd2
Downloading/unpacking flask (from -r requirements.txt (line 1))
. . .
Successfully installed flask redis Werkzeug Jinja2 itsdangerous markupsafe
Cleaning up...
 ---> bf0fe6a69835
Removing intermediate container e71d4bb33fd2
Successfully built bf0fe6a69835
```

这样就创建了一个名叫 `jamtur01/composeapp` 的容器，这个容器包含了示例应用和应用需要的依赖。现在可以使用 Docker Compose 来部署应用了。

注意

之后会从 Docker Hub 上的默认 Redis 镜像直接创建 Redis 容器，这样就不需要重新构建或者定制 Redis 容器了。

7.1.3 `docker-compose.yml` 文件

现在应用镜像已经构建好了，可以配置 Compose 来创建需要的服务了。在 Compose 中，我们定义了一组要启动的服务（以 Docker 容器的形式表现），我们还定义了我们希望这些服务要启动的运行时属性，这些属性和 `docker run` 命令需要的参数类似。将所有与服务有关的属性都定义在一个 YAML 文件里。之后执行 `docker-compose up` 命令，Compose 会启动这些容器，使用指定的参数来执行，并将所有的日志输出合并到一起。

先来为这个应用创建 `docker-compose.yml` 文件，如代码清单 7-10 所示。

代码清单 7-10　创建 `docker-compose.yml` 文件

```
$ touch docker-compose.yml
```

现在来看看 `docker-compose.yml` 文件的内容。`docker-compose.yml` 是 YAML 格式的文件，包括了一个或者多个运行 Docker 容器的指令。现在来看看示例应用使用的指令，如代码清单 7-11 所示。

代码清单 7-11   `docker-compose.yml` 文件

```
web:
  image: jamtur01/composeapp
  command: python app.py
  ports:
   - "5000:5000"
  volumes:
   - .:/composeapp
  links:
   - redis
redis:
  image: redis
```

每个要启动的服务都使用一个 YAML 的散列键定义：`web` 和 `redis`。

对于 `web` 服务，指定了一些运行时参数。首先，使用 `image` 指定了要使用的镜像：`jamtur01/composeapp` 镜像。Compose 也可以构建 Docker 镜像。可以使用 build 指令，并提供一个到 `Dockerfile` 的路径，让 Compose 构建一个镜像，并使用这个镜像创建服务，如代码清单 7-12 所示。

代码清单 7-12   `build` 指令的示例

```
web:
  build: /home/james/composeapp
. . .
```

这个 build 指令会使用/home/james/composeapp 目录下的 Dockerfile 来构建 Docker 镜像。

我们还使用 command 指定服务启动时要执行的命令。接下来使用 `ports` 和 `volumes` 指定了我们的服务要映射到的端口和卷，我们让服务里的 5000 端口映射到主机的 5000 端口，并创建了卷/composeapp。最后使用 `links` 指定了要连接到服务的其他服务：将 `redis` 服务连接到 web 服务。

如果想用同样的配置，在代码行中使用 docker run 执行服务，需要像代码清单 7-13 所示这么做。

代码清单 7-13　同样效果的 `docker run` 命令

```
$ sudo docker run -d -p 5000:5000 -v .:/composeapp --link redis:redis \
--name jamtur01/composeapp python app.py
```

之后指定了另一个名叫 `redis` 的服务。这个服务没有指定任何运行时的参数，一切使用默认的配置。之前也用过这个 `redis` 镜像，这个镜像默认会在标准端口上启动一个 Redis 数据库。这里没必要修改这个默认配置。

提示

可以在 Docker Compose 官网[①]查看 `docker-compose.yml` 所有可用的指令列表。

7.1.4　运行 Compose

一旦在 `docker-compose.yml` 中指定了需要的服务，就可以使用 `docker-compose up` 命令来执行这些服务，如代码清单 7-14 所示。

代码清单 7-14　使用 `docker-compose up` 启动示例应用服务

```
$ cd composeapp
$ sudo docker-compose up
Creating composeapp_redis_1...
Creating composeapp_web_1...
Attaching to composeapp_redis_1, composeapp_web_1
redis_1 | |`-._`-._    `-.__.-'    _.-'_.-'|
redis_1 | |    `-._`-._    _.-'_.-'    |
redis_1 | `-._    `-._`-.__.-'_.-'    _.-'
redis_1 | `-._    `-.__.-'    _.-'
redis_1 |    `-._    _.-'
redis_1 |    `-.__.-'
redis_1 |
redis_1 | [1] 13 Aug 01:48:32.218 # Server started, Redis version 2.8.13
redis_1 | [1] 13 Aug 01:48:32.218 # WARNING overcommit_memory is set to
  0! Background save may fail under low memory condition. To fix this
  issue add 'vm.overcommit_memory = 1' to /etc/sysctl.conf and then reboot
  or run the command 'sysctl vm.overcommit_memory=1' for this to take effect.
redis_1 | [1] 13 Aug 01:48:32.218 * The server is now ready to accept
  connections on port 6379
```

① https://docs.docker.com/compose/yml/

```
web_1   |  * Running on http://0.0.0.0:5000/
web_1   |  * Restarting with reloader
```

提示

必须在 docker-compose.yml 文件所在的目录执行大多数 Compose 命令。

可以看到 Compose 创建了 composeapp_redis_1 和 composeapp_web_1 这两个新的服务。那么，这两个名字是从哪儿来的呢？为了保证服务是唯一的，Compose 将 docker-compose.yml 文件中指定的服务名字加上了目录名作为前缀，并分别使用数字作为后缀。

Compose 之后接管了每个服务输出的日志，输出的日志每一行都使用缩短的服务名字作为前缀，并交替输出在一起，如代码清单 7-15 所示。

代码清单 7-15   Compose 服务输出的日志

```
redis_1 | [1] 13 Aug 01:48:32.218 # Server started, Redis version 2.8.13
```

服务（和 Compose）交替运行。这意味着，如果使用 Ctrl+C 来停止 Compose 运行，也会停止运行的服务。也可以在运行 Compose 时指定 -d 标志，以守护进程的模式来运行服务（类似于 docker run -d 标志），如代码清单 7-16 所示。

代码清单 7-16   以守护进程方式运行 Compose

```
$ sudo docker-compose up -d
```

来看看现在宿主机上运行的示例应用。这个应用绑定在宿主机所有网络接口的 5000 端口上，所以可以使用宿主机的 IP 或者通过 localhost 来浏览该网站。

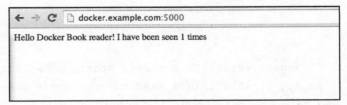

图 7-1   Compose 示例应用

可以看到这个页面上显示了当前计数器的值。刷新网站，会看到这个值在增加。每次刷新都会增加保存在 Redis 里的值。Redis 更新是通过由 Compose 控制的 Docker 容器之间的链接实现的。

提示

在默认情况下，Compose 会试图连接到本地的 Docker 守护进程，不过也会受到 DOCKER_HOST 环境变量的影响，去连接到一个远程的 Docker 宿主机。

7.1.5 使用 Compose

现在来看看 Compose 的其他选项。首先，使用 Ctrl+C 关闭正在运行的服务，然后以守护进程的方式启动这些服务。

在 composeapp 目录下按 Ctrl+C，之后使用 -d 标志重新运行 docker-compose up 命令，如代码清单 7-17 所示。

代码清单 7-17　使用守护进程模式重启 Docker Compose

```
$ sudo docker-compose up -d
Recreating composeapp_redis_1...
Recreating composeapp_web_1...
$ . . .
```

可以看到 Docker Compose 重新创建了这些服务，启动它们，最后返回到命令行。

现在，在宿主机上以守护进程的方式运行了受 Docker Compose 管理的服务。使用 docker-compose ps 命令（docker ps 命令的近亲）可以查看这些服务的运行状态。

提示

执行 docker-compose help 加上想要了解的命令，可以看到相关的 Compose 帮助，比如 docker-compose help ps 命令可以看到与 ps 相关的帮助。

docker-compose ps 命令列出了本地 docker-compose.yml 文件里定义的正在运行的所有服务，如代码清单 7-18 所示。

代码清单 7-18　运行 `docker-compose ps` 命令

```
$ cd composeapp
$ sudo docker-compose ps
    Name            Command          State        Ports
----------------------------------------------------------------
composeapp_redis_1   redis-server      Up        6379/tcp
composeapp_web_1     python app.py     Up        5000->5000/tcp
```

这个命令展示了正在运行的 Compose 服务的一些基本信息：每个服务的名字、启动服务的命令以及每个服务映射到的端口。

还可以使用 docker-compose logs 命令来进一步查看服务的日志事件，如代码清单 7-19 所示。

代码清单 7-19   显示 Docker Compose 服务的日志

```
$ sudo docker-compose logs
docker-compose logs
Attaching to composeapp_redis_1, composeapp_web_1
redis_1 | (     '     ,          .-`   |  `,  )    Running in stand alone mode
redis_1 | |`-._`-...-` __...-.``-._|'` _.-'|   Port: 6379
redis_1 | |    |    `-._    `._    /    _.-'    |    PID: 1
. . .
```

这个命令会追踪服务的日志文件，很类似 tail -f 命令。与 tail -f 命令一样，想要退出可以使用 Ctrl+C。

使用 docker-compose stop 命令可以停止正在运行的服务，如代码清单 7-20 所示。

代码清单 7-20   停止正在运行的服务

```
$ sudo docker-compose stop
Stopping composeapp_web_1...
Stopping composeapp_redis_1...
```

这个命令会同时停止两个服务。如果该服务没有停止，可以使用 docker-compose kill 命令强制杀死该服务。

现在可以用 docker-compose ps 命令来验证服务确实停止了，如代码清单 7-21 所示。

代码清单 7-21   验证 Compose 服务已经停止了

```
$ sudo docker-compose ps
    Name                Command         State      Ports
-------------------------------------------------------
composeapp_redis_1    redis-server      Exit 0
composeapp_web_1      python app.py     Exit 0
```

如果使用 docker-compose stop 或者 docker-compose kill 命令停止服务，还可以使用 docker-compose start 命令重新启动这些服务。这与使用 docker start

命令重启服务很类似。

最后，可以使用 `docker-compose rm` 命令来删除这些服务，如代码清单 7-22 所示。

代码清单 7-22　删除 Docker Compose 服务

```
$ sudo docker-compose rm
Going to remove composeapp_redis_1, composeapp_web_1
Are you sure? [yN] y
Removing composeapp_redis_1...
Removing composeapp_web_1...
```

首先会提示你确认需要删除服务，确认之后两个服务都会被删除。`docker-compose ps` 命令现在会显示没有运行中或者已经停止的服务，如代码清单 7-23 所示。

代码清单 7-23　显示没有 Compose 服务

```
$ sudo docker-compose ps
Name   Command   State   Ports
------------------------------
```

7.1.6　Compose 小结

现在，使用一个文件就可以构建好一个简单的 Python-Redis 栈！可以看出使用这种方法能够非常简单地构建一个需要多个 Docker 容器的应用程序。而这个例子，只展现了 Compose 最表层的能力。在 Compose 官网上有很多例子，比如使用 Rails[①]、Django[②]和 Wordpress[③]，来展现更高级的概念。还可以将 Compose 与提供图形化用户界面的 Shipyard[④]一起使用。

> **提示**
>
> 在 Compose 官网[⑤]可以找到完整的命令行参考手册。

7.2　Consul、服务发现和 Docker

服务发现是分布式应用程序之间管理相互关系的一种机制。一个分布式程序一般由多个

[①] https://docs.docker.com/compose/rails/
[②] https://docs.docker.com/compose/django/
[③] https://docs.docker.com/compose/wordpress/
[④] https://github.com/shipyard/shipyard
[⑤] https://docs.docker.com/compose/cli/

组件组成。这些组件可以都放在一台机器上，也可以分布在多个数据中心，甚至分布在不同的地理区域。这些组件通常可以为其他组件提供服务，或者为其他组件消费服务。

服务发现允许某个组件在想要与其他组件交互时，自动找到对方。由于这些应用本身是分布式的，服务发现机制也需要是分布式的。而且，服务发现作为分布式应用不同组件之间的"胶水"，其本身还需要足够动态、可靠，适应性强，而且可以快速且一致地共享关于这些服务的数据。

另外，Docker 主要关注分布式应用以及面向服务架构与微服务架构。这些关注点很适合与某个服务发现工具集成。每个 Docker 容器可以将其中运行的服务注册到服务发现工具里。注册的信息可以是 IP 地址或者端口，或者两者都有，以便服务之间进行交互。

这本书使用 Consul[①]作为服务发现工具的例子。Consul 是一个使用一致性算法的特殊数据存储器。Consul 使用 Raft 一致性算法来提供确定的写入机制。Consul 暴露了键值存储系统和服务分类系统，并提供高可用性、高容错能力，并保证强一致性。服务可以将自己注册到 Consul，并以高可用且分布式的方式共享这些信息。

Consul 还提供了一些有趣的功能。

- 提供了根据 API 进行服务分类，代替了大部分传统服务发现工具的键值对存储。
- 提供两种接口来查询信息：基于内置的 DNS 服务的 DNS 查询接口和基于 HTTP 的 REST API 查询接口。选择合适的接口，尤其是基于 DNS 的接口，可以很方便地将 Consul 与现有环境集成。
- 提供了服务监控，也称作健康监控。Consul 内置了强大的服务监控系统。

为了更好地理解 Consul 是如何工作的，本章先介绍如何在 Docker 容器里分布式运行 Consul。之后会从 Docker 容器将服务注册到 Consul，并从其他 Docker 容器访问注册的数据。为了更有挑战，会让这些容器运行在不同的 Docker 宿主机上。

为了做到这些，需要做到以下几点。

- 创建 Consul 服务的 Docker 镜像。
- 构建 3 台运行 Docker 的宿主机，并在每台上运行一个 Consul。这 3 台宿主机会提供一个分布式环境，来展现 Consul 如何处理弹性和失效工作的。

---

① http://www.consul.io

- 构建服务,并将其注册到 Consul,然后从其他服务查询该数据。

注意

可以在 http://www.consul.io/intro/index.html 找到对 Consul 更通用的介绍。

7.2.1   构建 Consul 镜像

首先创建一个 Dockerfile 来构建 Consul 镜像。先来创建用来保存 Dockerfile 的目录,如代码清单 7-24 所示。

代码清单 7-24   创建目录来保存 Consul 的 Dockerfile

```
$ mkdir consul
$ cd consul
$ touch Dockerfile
```

现在来看看用于 Consul 镜像的 Dockerfile 的内容,如代码清单 7-25 所示。

代码清单 7-25   Consul Dockerfile

```
FROM ubuntu:14.04
MAINTAINER James Turnbull <james@example.com>
ENV REFRESHED_AT 2014-08-01

RUN apt-get -qqy update
RUN apt-get -qqy install curl unzip

ADD https://dl.bintray.com/mitchellh/consul/0.3.1_linux_amd64.zip
  /tmp/consul.zip
RUN cd /usr/sbin && unzip /tmp/consul.zip && chmod +x /usr/sbin/
  consul && rm /tmp/consul.zip

ADD https://dl.bintray.com/mitchellh/consul/0.3.1_web_ui.zip
  /tmp/webui.zip
RUN cd /tmp/ && unzip webui.zip && mv dist/ /webui/

ADD consul.json /config/

EXPOSE 53/udp 8300 8301 8301/udp 8302 8302/udp 8400 8500
```

```
VOLUME ["/data"]
ENTRYPOINT [ "/usr/sbin/consul", "agent", "-config-dir=/config" ]
CMD []
```

这个 Dockerfile 很简单。它是基于 Ubuntu 14.04 镜像，它安装了 curl 和 unzip。然后我们下载了包含 consul 可执行程序的 zip 文件。将这个可执行文件移动到/usr/sbin 并修改属性使其可以执行。我们还下载了 Consul 网页界面，将其放在名为/webui 的目录里。一会儿就会看到这个界面。

之后将 Consul 配置文件 consul.json 添加到/config 目录。现在来看看配置文件的内容，如代码清单 7-26 所示。

代码清单 7-26　`consul.json` 配置文件

```
{
  "data_dir": "/data",
  "ui_dir": "/webui",
  "client_addr": "0.0.0.0",
  "ports": {
    "dns": 53
  },
  "recursor": "8.8.8.8"
}
```

consul.json 配置文件是做过 JSON 格式化后的配置，提供了 Consul 运行时需要的信息。我们首先指定了数据目录/data 来保存 Consul 的数据，之后指定了网页界面文件的位置：/webui。设置 client_addr 变量，将 Consul 绑定到容器内的所有网页界面。

之后使用 ports 配置 Consul 服务运行时需要的端口。这里指定 Consul 的 DNS 服务运行在 53 端口。之后，使用 recursor 选项指定了 DNS 服务器，这个服务器会用来解析 Consul 无法解析的 DNS 请求。这里指定的 8.8.8.8 是 Google 的公共 DNS 服务[①]的一个 IP 地址。

提示
可以在 http://www.consul.io/docs/agent/options.html 找到所有可用的 Consul 配置选项。

回到之前的 Dockerfile，我们用 EXPOSE 指令打开了一系列端口，这些端口是 Consul 运行时需要操作的端口。表 7-1 列出了每个端口的用途。

---

① https://developers.google.com/speed/public-dns/

表 7-1 Consul 的默认端口

端　　口	用　　途
53/udp	DNS 服务器
8300	服务器 RPC
8301+udp	Serf 的 LAN 端口
8302+udp	Serf 的 WAN 端口
8400	RPC 接入点
8500	HTTP API

就本章的目的来说，不需要关心表 7-1 里的大部分内容。比较重要的是 53/udp 端口，Consul 会使用这个端口运行 DNS。之后会使用 DNS 来获取服务信息。另一个要关注的是 8500 端口，它用于提供 HTTP API 和网页界面。其余的端口用于处理后台通信，将多个 Consul 节点组成集群。之后我们会使用这些端口配置 Docker 容器，但并不深究其用途。

> **注意**
>
> 可以在 http://www.consul.io/docs/agent/options.html 找到每个端口更详细的信息。

之后，使用 VOLUME 指令将/data 目录设置为卷。如果看过第 6 章，就知道这样可以更方便地管理和处理数据。

最后，使用 ENTRYPOINT 指令指定从镜像启动容器时，启动 Consul 服务的 consul 可执行文件。

现在来看看使用的命令行选项。首先我们已经指定了 consul 执行文件所在的目录为/usr/sbin/。参数 agent 告诉 Consul 以代理节点的模式运行，-config-dir 标志指定了配置文件 consul.json 所在的目录是/config。

现在来构建镜像，如代码清单 7-27 所示。

代码清单 7-27　构建 Consul 镜像

```
$ sudo docker build -t="jamtur01/consul" .
```

> **注意**
>
> 可以从官网[1]或者 GitHub[2]获得 Consul 的 Dockerfile 以及相关的配置文件。

---

[1] http://dockerbook.com/code/7/consul/
[2] https://github.com/jamtur01/dockerbook-code/tree/master/code/7/consul/

7.2.2　在本地测试 Consul 容器

在多个宿主机上运行 Consul 之前，先来看看在本地单独运行一个 Consul 的情况。从 jamtur01/consul 镜像启动一个容器，如代码清单 7-28 所示。

代码清单 7-28　执行一个本地 Consul 节点

```
$ sudo docker run -p 8500:8500 -p 53:53/udp \
 -h node1 jamtur01/consul -server -bootstrap
==> Starting Consul agent...
==> Starting Consul agent RPC...
==> Consul agent running!
        Node name: 'node1'
        Datacenter: 'dc1'
. . .
2014/08/25 21:47:49 [WARN] raft: Heartbeat timeout reached, starting election
2014/08/25 21:47:49 [INFO] raft: Node at 172.17.0.26:8300 [Candidate]
entering Candidate state
2014/08/25 21:47:49 [INFO] raft: Election won. Tally: 1
2014/08/25 21:47:49 [INFO] raft: Node at 172.17.0.26:8300 [Leader]
entering Leader state
2014/08/25 21:47:49 [INFO] consul: cluster leadership acquired
2014/08/25 21:47:49 [INFO] consul: New leader elected: node1
2014/08/25 21:47:49 [INFO] consul: member 'node1' joined, marking health alive
```

使用 docker run 创建了一个新容器。这个容器映射了两个端口，容器中的 8500 端口映射到了主机的 8500 端口，容器中的 53 端口映射到了主机的 53 端口。我们还使用-h 标志指定了容器的主机名 node。这个名字也是 Consul 节点的名字。之后我们指定了要启动的 Consul 镜像 jamtur01/consul。

最后，给 consul 可执行文件传递了两个标志：-server 和-bootstrap。标志 -server 告诉 Consul 代理以服务器的模式运行，标志-bootstrap 告诉 Consul 本节点可以自选举为集群领导者。这个参数会让本节点以服务器模式运行，并可以执行 Raft 领导者选举。

警告

有一点很重要：每个数据中心最多只有一台 Consul 服务器可以用自启动（bootstrap）模式运行。否则，如果有多个可以进行自选举的节点，整个集群无法保证一致性。后面将其他节点加入集群时会介绍更多的相关信息。

可以看到，Consul 启动了 `node1` 节点，并在本地进行了领导者选举。因为没有别的 Consul 节点运行，刚启动的节点也没有其余的连接动作。

还可以通过 Consul 网页界面来查看节点情况，在浏览器里打开本地 IP 的 `8500` 端口。

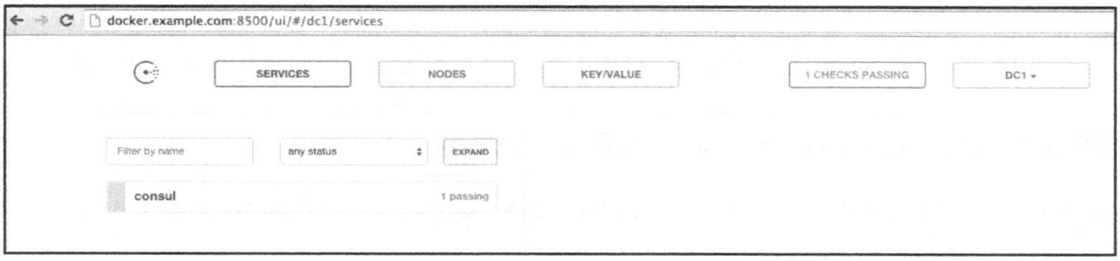

图 7-2　Consul 网页界面

7.2.3　使用 Docker 运行 Consul 集群

由于 Consul 是分布式的，通常可以简单地在不同的数据中心、云服务商或者不同地区创建 3 个（或者更多）服务器。甚至给每个应用服务器添加一个 Consul 代理，以保证分布服务具有足够的可用性。本章会在 3 个运行 Docker 守护进程的宿主机上运行 Consul，来模拟这种分布环境。首先创建 3 个 Ubuntu 14.04 宿主机：`larry`、`curly` 和 `moe`。每个主机上都已经安装了 Docker 守护进程，之后拉取 `jamtur01/consul` 镜像，如代码清单 7-29 所示。

> **提示**
>
> 要安装 Docker 可以使用第 2 章中介绍的安装指令。

代码清单 7-29　拉取 Consul 镜像

```
$ sudo docker pull jamtur01/consul
```

在每台宿主机上都使用 `jamtur01/consul` 镜像运行一个 Docker 容器。要做到这一点，首先需要选择运行 Consul 的网络。大部分情况下，这个网络应该是个私有网络，不过既然是模拟 Consul 集群，这里使用每台宿主机上的公共接口，让 Consul 运行在一个公共网络上。这需要每台宿主机都有一个公共 IP 地址。这个地址也是 Consul 代理要绑定到的地址。

首先来获取 `larry` 的公共 IP 地址，并将这个地址赋值给环境变量`$PUBLIC_IP`，如代码清单 7-30 所示。

代码清单 7-30　给 larry 主机设置公共 IP 地址

```
larry$ PUBLIC_IP="$(ifconfig eth0 | awk -F ' *|:' '/inet addr/{
  print $4}')"
larry$ echo $PUBLIC_IP
104.131.38.54
```

之后在 curly 和 moe 上创建同样的$PUBLIC_IP 变量，如代码清单 7-31 所示。

代码清单 7-31　在 curly 和 moe 上设置公共 IP 地址

```
curly$ PUBLIC_IP="$(ifconfig eth0 | awk -F ' *|:' '/inet addr/{print $4}')"
curly$ echo $PUBLIC_IP
104.131.38.55
moe$ PUBLIC_IP="$(ifconfig eth0 | awk -F ' *|:' '/inet addr/{print $4}')"
moe$ echo $PUBLIC_IP
104.131.38.56
```

现在 3 台宿主机有 3 个 IP 地址（如表 7-2 所示），每个地址都赋值给了$PUBLIC_IP 环境变量。

表 7-2　Consul 宿主机 IP 地址

宿　主　机	IP 地址
larry	104.131.38.54
curly	104.131.38.55
moe	104.131.38.56

现在还需要指定一台宿主机为自启动的主机，来启动整个集群。这里指定 larry 主机。这意味着，需要将 larry 的 IP 地址告诉 curly 和 moe，以便让后两个宿主机知道要连接到 Consul 节点的哪个集群。现在将 larry 的 IP 地址 104.131.38.54 添加到宿主机 curly 和 moe 的环境变量$JOIN_IP，如代码清单 7-32 所示。

代码清单 7-32　添加集群 IP 地址

```
curly$ JOIN_IP=104.131.38.54
moe$ JOIN_IP=104.131.38.54
```

最后，修改每台宿主机上的 Docker 守护进程的网络配置，以便更容易使用 Consul。将 Docker 守护进程的 DNS 查找设置为：

- 本地 Docker 的 IP 地址，以便使用 Consul 来解析 DNS；
- Google 的 DNS 服务地址，来解析其他请求；
- 为 Consul 查询指定搜索域。

要做到这一点，首先需要知道 Docker 接口 docker0 的 IP 地址，如代码清单 7-33 所示。

代码清单 7-33 获取 docker0 的 IP 地址

```
larry$ ip addr show docker0
3: docker0: <BROADCAST,MULTICAST,UP,LOWER_UP> mtu 1500 qdisc noqueue
  state UP group default
    link/ether 56:84:7a:fe:97:99 brd ff:ff:ff:ff:ff:ff
    inet 172.17.42.1/16 scope global docker0
      valid_lft forever preferred_lft forever
    inet6 fe80::5484:7aff:fefe:9799/64 scope link
      valid_lft forever preferred_lft forever
```

可以看到这个接口的 IP 地址是 172.17.42.1。

使用这个地址，将/etc/default/docker 文件中的 Docker 启动选项从代码清单 7-34 所示的默认值改为代码清单 7-35 所示的新配置。

代码清单 7-34 Docker 的默认值

```
#DOCKER_OPTS="--dns 8.8.8.8 --dns 8.8.4.4"
```

代码清单 7-35 larry 上新的 Docker 默认值

```
DOCKER_OPTS='--dns 172.17.42.1 --dns 8.8.8.8 --dns-search service .consul'
```

之后在 curly 和 moe 上进行同样的设置：找到 docker0 的 IP 地址，并更新到/etc/default/docker 文件中的 DOCKER_OPTS 标志里。

> **提示**
>
> 其他的分布式环境需要使用合适的机制更新 Docker 守护进程的默认值。更多信息参见第 2 章。

之后在每台宿主机上重启 Docker 守护进程，如代码清单 7-36 所示。

代码清单 7-36 在 larry 上重启 Docker 守护进程

```
larry$ sudo service docker restart
```

7.2.4　启动具有自启动功能的 Consul 节点

现在在 larry 启动用来初始化整个集群的自启动节点。由于要映射很多端口，使用的 docker run 命令会有些复杂。实际上，这个命令要映射表 7-1 里列出的所有端口。而且，由于 Consul 既要运行在容器里，又要和其他宿主机上的容器通信，所以需要将每个端口都映射到本地宿主机对应的端口上。这样可以既在本内部又可以在外部访问 Consul 了。

来看看要用到的 docker run 命令，如代码清单 7-37 所示。

代码清单 7-37　启动具有自启动功能的 Consul 节点

```
larry$ sudo docker run -d -h $HOSTNAME \
-p 8300:8300 -p 8301:8301 \
-p 8301:8301/udp -p 8302:8302 \
-p 8302:8302/udp -p 8400:8400 \
-p 8500:8500 -p 53:53/udp \
--name larry_agent jamtur01/consul \
-server -advertise $PUBLIC_IP -bootstrap-expect 3
```

这里以守护进程的方式从 jamtur01/consul 镜像启动了一个容器，用来运行 Consul 代理。命令使用 -h 标志将容器的主机名设置为 $HOSTNAME 环境变量。这会让 Consul 代理使用本地主机名 larry。该命令还将 8 个端口映射到本地宿主机对应的端口。

该命令还指定了一些 Consul 代理的命令行参数，如代码清单 7-38 所示。

代码清单 7-38　Consul 代理的命令行参数

```
-server -advertise $PUBLIC_IP -bootstrap-expect 3
```

-server 标志告诉代理运行在服务器模式。-advertise 标志告诉代理通过环境变量 $PUBLIC_IP 指定的 IP 广播自己。最后，-bootstrap-expect 标志告诉 Consul 集群中有多少代理。在这个例子里，指定了 3 个代理。这个标志还指定了本节点具有自启动的功能。

现在使用 docker logs 命令来看看初始 Consul 容器的日志，如代码清单 7-39 所示。

代码清单 7-39　启动具有自启动功能的 Consul 节点

```
larry$ sudo docker logs larry_agent
==> Starting Consul agent...
==> Starting Consul agent RPC...
```

```
==> Consul agent running!
         Node name: 'larry'
         Datacenter: 'dc1'
             Server: true (bootstrap: false)
        Client Addr: 0.0.0.0 (HTTP: 8500, DNS: 53, RPC: 8400)
       Cluster Addr: 104.131.38.54 (LAN: 8301, WAN: 8302)
     Gossip encrypt: false, RPC-TLS: false, TLS-Incoming: false
. . .
2014/08/31 18:10:07 [WARN] memberlist: Binding to public address
  without encryption!
2014/08/31 18:10:07 [INFO] serf: EventMemberJoin: larry
  104.131.38.54
2014/08/31 18:10:07 [WARN] memberlist: Binding to public address
  without encryption!
2014/08/31 18:10:07 [INFO] serf: EventMemberJoin: larry.dc1
  104.131.38.54
2014/08/31 18:10:07 [INFO] raft: Node at 104.131.38.54:8300
  [Follower] entering Follower state
2014/08/31 18:10:07 [INFO] consul: adding server larry (Addr:
  104.131.38.54:8300) (DC: dc1)
2014/08/31 18:10:07 [INFO] consul: adding server larry.dc1 (Addr:
  104.131.38.54:8300) (DC: dc1)
2014/08/31 18:10:07 [ERR] agent: failed to sync remote state: No
  cluster leader
2014/08/31 18:10:08 [WARN] raft: EnableSingleNode disabled, and
  no known peers. Aborting election.
```

可以看到 larry 上的代理已经启动了，但是因为现在还没有其他节点加入集群，所以
并没有触发选举操作。从仅有的一条错误信息（如代码清单 7-40 所示）可以看到这一点。

代码清单 7-40　有关集群领导者的错误信息

```
[ERR] agent: failed to sync remote state: No cluster leader
```

7.2.5　启动其余节点

现在集群已经启动好了，需要将剩下的 curly 和 moe 节点加入进来。先来启动 curly。
使用 docker run 命令来启动第二个代理，如代码清单 7-41 所示。

代码清单 7-41　在 curly 上启动代理

```
curly$ sudo docker run -d -h $HOSTNAME \
-p 8300:8300 -p 8301:8301 \
-p 8301:8301/udp -p 8302:8302 \
-p 8302:8302/udp -p 8400:8400 \
-p 8500:8500 -p 53:53/udp \
--name curly_agent jamtur01/consul \
-server -advertise $PUBLIC_IP -join $JOIN_IP
```

这个命令与 larry 上的自启动命令很相似，只是传给 Consul 代理的参数有变化，如代码清单 7-42 所示。

代码清单 7-42　在 curly 上启动 Consul 代理

```
-server -advertise $PUBLIC_IP -join $JOIN_IP
```

首先，还是使用-server 启动了 Consul 代理的服务器模式，并将代理绑定到用-advertise 标志指定的公共 IP 地址。最后，-join 告诉 Consul 要连接由环境变量 $JOIN_IP 指定的 larry 主机的 IP 所在的 Consul 集群。

现在来看看启动容器后发生了什么，如代码清单 7-43 所示。

代码清单 7-43　查看 Curly 代理的日志

```
curly$ sudo docker logs curly_agent
==> Starting Consul agent...
==> Starting Consul agent RPC...
==> Joining cluster...
    Join completed. Synced with 1 initial agents
==> Consul agent running!
       Node name: 'curly'
      Datacenter: 'dc1'
          Server: true (bootstrap: false)
     Client Addr: 0.0.0.0 (HTTP: 8500, DNS: 53, RPC: 8400)
    Cluster Addr: 104.131.38.55 (LAN: 8301, WAN: 8302)
  Gossip encrypt: false, RPC-TLS: false, TLS-Incoming: false
. . .
2014/08/31 21:45:49 [INFO] agent: (LAN) joining: [104.131.38.54]
2014/08/31 21:45:49 [INFO] serf: EventMemberJoin: larry 104.131.38.54
2014/08/31 21:45:49 [INFO] agent: (LAN) joined: 1 Err: <nil>
```

```
2014/08/31 21:45:49 [ERR] agent: failed to sync remote state: No
  cluster leader
2014/08/31 21:45:49 [INFO] consul: adding server larry (Addr:
  104.131.38.54:8300) (DC: dc1)
2014/08/31 21:45:51 [WARN] raft: EnableSingleNode disabled, and
  no known peers. Aborting election.
```

可以看到 curly 已经连接了 larry，而且在 larry 上应该可以看到代码清单 7-44 所示的日志。

代码清单 7-44   curly 加入 larry

```
2014/08/31 21:45:49 [INFO] serf: EventMemberJoin: curly
  104.131.38.55
2014/08/31 21:45:49 [INFO] consul: adding server curly (Addr:
  104.131.38.55:8300) (DC: dc1)
```

这还没有达到集群的要求数量，还记得之前 -bootstrap-expect 参数指定了 3 个节点吧。所以现在在 moe 上启动最后一个代理，如代码清单 7-45 所示。

代码清单 7-45   在 moe 上启动代理

```
moe$ sudo docker run -d -h $HOSTNAME \
-p 8300:8300 -p 8301:8301 \
-p 8301:8301/udp -p 8302:8302 \
-p 8302:8302/udp -p 8400:8400 \
-p 8500:8500 -p 53:53/udp \
--name moe_agent jamtur01/consul \
-server -advertise $PUBLIC_IP -join $JOIN_IP
```

这个 docker run 命令基本上和在 curly 上执行的命令一样。只是这次整个集群有了 3 个代理。现在，如果查看容器的日志，应该能看到整个集群的状态，如代码清单 7-46 所示。

代码清单 7-46   moe 上的 Consul 日志

```
moe$ sudo docker logs moe_agent
==> Starting Consul agent...
==> Starting Consul agent RPC...
==> Joining cluster...
    Join completed. Synced with 1 initial agents
==> Consul agent running!
```

```
         Node name: 'moe'
        Datacenter: 'dc1'
            Server: true (bootstrap: false)
       Client Addr: 0.0.0.0 (HTTP: 8500, DNS: 53, RPC: 8400)
      Cluster Addr: 104.131.38.56 (LAN: 8301, WAN: 8302)
    Gossip encrypt: false, RPC-TLS: false, TLS-Incoming: false
. . .
2014/08/31 21:54:03 [ERR] agent: failed to sync remote state: No
  cluster leader
2014/08/31 21:54:03 [INFO] consul: adding server curly (Addr:
  104.131.38.55:8300) (DC: dc1)
2014/08/31 21:54:03 [INFO] consul: adding server larry (Addr:
  104.131.38.54:8300) (DC: dc1)
2014/08/31 21:54:03 [INFO] consul: New leader elected: larry
```

从这个日志中可以看出，moe 已经连接了集群。这样 Consul 集群就达到了预设的节点数量，并且触发了领导者选举。这里 larry 被选举为集群领导者。

在 larry 上也可以看到最后一个代理节点加入 Consul 的日志，如代码清单 7-47 所示。

代码清单 7-47   在 larry 上的 Consul 领导者选举日志

```
2014/08/31 21:54:03 [INFO] consul: Attempting bootstrap with nodes:
  [104.131.38.55:8300 104.131.38.56:8300 104.131.38.54:8300]
2014/08/31 21:54:03 [WARN] raft: Heartbeat timeout reached,
  starting election
2014/08/31 21:54:03 [INFO] raft: Node at 104.131.38.54:8300
  [Candidate] entering Candidate state
2014/08/31 21:54:03 [WARN] raft: Remote peer 104.131.38.56:8300
  does not have local node 104.131.38.54:8300 as a peer
2014/08/31 21:54:03 [INFO] raft: Election won. Tally: 2
2014/08/31 21:54:03 [INFO] raft: Node at 104.131.38.54:8300
  [Leader] entering Leader state
2014/08/31 21:54:03 [INFO] consul: cluster leadership acquired
2014/08/31 21:54:03 [INFO] consul: New leader elected: larry
. . .
2014/08/31 21:54:03 [INFO] consul: member 'larry' joined, marking health alive
2014/08/31 21:54:03 [INFO] consul: member 'curly' joined, marking health alive
2014/08/31 21:54:03 [INFO] consul: member 'moe' joined, marking health alive
```

通过浏览 Consul 的网页界面，选择 Consul 服务也可以看到当前的状态，如图 7-3 所示。

图 7-3　网页界面中的 Consul 服务

最后，可以通过 dig 命令测试 DNS 服务正在工作，如代码清单 7-48 所示。

代码清单 7-48　测试 Consul 的 DNS 服务

```
larry$ dig @172.17.42.1 consul.service.consul

; <<>> DiG 9.9.5-3-Ubuntu <<>> @172.17.42.1 consul.service.consul
; (1 server found)
;; global options: +cmd
;; Got answer:
;; ->>HEADER<<- opcode: QUERY, status: NOERROR, id: 13502
;; flags: qr aa rd ra; QUERY: 1, ANSWER: 3, AUTHORITY: 0, ADDITIONAL: 0

;; QUESTION SECTION:
;consul.service.consul.    IN  A

;; ANSWER SECTION:
consul.service.consul.  0   IN  A   104.131.38.55
consul.service.consul.  0   IN  A   104.131.38.54
```

```
consul.service.consul.  0   IN  A   104.131.38.56

;; Query time: 2 msec
;; SERVER: 172.17.42.1#53(172.17.42.1)
;; WHEN: Sun Aug 31 21:30:27 EDT 2014
;; MSG SIZE rcvd: 150
```

这里查询了本地 Docker 接口的 IP 地址，并将其作为 DNS 服务器地址，请求它返回关于 `consul.service.consul` 的相关信息。这个域名的格式是使用 Consul 的 DNS 快速查询相关服务时的格式：`consul` 是主机名，而 `service.consul` 是域名。这里 `consul.service.consul` 代表 Consul 服务的 DNS 入口。

例如，代码清单 7-49 所示的代码会返回所有关于 `webservice` 服务的 DNS A 记录。

代码清单 7-49   通过 DNS 查询其他 Consul 服务

```
larry$ dig @172.17.42.1 webservice.service.consul
```

提示

可以在 http://www.consul.io/docs/agent/dns.html 找到更多关于 Consul 的 DNS 接口的信息。

现在，这 3 台不同的宿主机依靠其中运行的 Docker 容器组成了一个 Consul 集群。这看上去很酷，但还没有什么实际用处。下面来看看如何在 Consul 中注册一个服务，并获得相关数据。

7.2.6   配合 Consul，在 Docker 里运行一个分布式服务

为了演示如何注册服务，先基于 uWSGI 框架创建一个演示用的分布式应用程序。这个应用程序由以下两部分组成。

- 一个 Web 应用：`distributed_app`。它在启动时会启动相关的 Web 工作进程（worker），并将这些程序作为服务注册到 Consul。

- 一个应用客户端：`distributed_client`。它从 Consul 读取与 `distributed_app` 相关的信息，并报告当前应用程序的状态和配置。

`distributed_app` 会在两个 Consul 节点（即 `larry` 和 `curly`）上运行，而

distributed_client 客户端会在 moe 节点上运行。

1. 构建分布式应用

现在来创建用于构建 distributed_app 的 Dockerfile。先来创建用于保存镜像的目录，如代码清单 7-50 所示。

代码清单 7-50　创建用于保存 distributed_app 的 Dockerfile 的目录

```
$ mkdir distributed_app
$ cd distributed_app
$ touch Dockerfile
```

现在来看看用于构建 distributed_app 的 Dockerfile 的内容，如代码清单 7-51 所示。

代码清单 7-51　distributed_app 使用的 Dockerfile

```
FROM ubuntu:14.04
MAINTAINER James Turnbull "james@example.com"
ENV REFRESHED_AT 2014-06-01

RUN apt-get -qqy update
RUN apt-get -qqy install ruby-dev git libcurl4-openssl-dev curl
  build-essential python
RUN gem install --no-ri --no-rdoc uwsgi sinatra
RUN uwsgi --build-plugin https://github.com/unbit/uwsgi-consul

RUN mkdir -p /opt/distributed_app
WORKDIR /opt/distributed_app

ADD uwsgi-consul.ini /opt/distributed_app/
ADD config.ru /opt/distributed_app/

ENTRYPOINT [ "uwsgi", "--ini", "uwsgi-consul.ini", "--ini",
  "uwsgi-consul.ini:server1", "--ini", "uwsgi-consul.ini:server2" ]
CMD []
```

这个 Dockerfile 安装了一些需要的包，包括 uWSGI 框架和 Sinatra 框架，以及一个可以让 uWSGI 写入 Consul 的插件[①]。之后创建了目录/opt/distributed_app/，并将其

---

① https://github.com/unbit/uwsgi-consul

作为工作目录。之后将两个文件 uwsgi-consul.ini 和 config.ru 加到这个目录中。

文件 uwsgi-consul.ini 用于配置 uWSGI，来看看这个文件的内容，如代码清单 7-52 所示。

代码清单 7-52　uWSGI 的配置

```ini
[uwsgi]
plugins = consul
socket = 127.0.0.1:9999
master = true
enable-threads = true

[server1]
consul-register = url=http://%h.node.consul:8500,name=
  distributed_app, id=server1,port=2001
mule = config.ru

[server2]
consul-register = url=http://%h.node.consul:8500,name=
  distributed_app, id=server2,port=2002
mule = config.ru
```

文件 uwsgi-consul.ini 使用 uWSGI 的 Mule 结构来运行两个不同的应用程序，这两个应用都是在 Sinatra 框架中写成的输出"Hello World"的。现在来看看 config.ru 文件，如代码清单 7-53 所示。

代码清单 7-53　distributed_app 使用的 config.ru 文件

```ruby
require 'rubygems'
require 'sinatra'

get '/' do
"Hello World!"
end


run Sinatra::Application
```

文件 `uwsgi-consul.ini` 每个块里定义了一个应用程序，分别标记为 `server1` 和 `server2`。每个块里还包含一个对 uWSGI Consul 插件的调用。这个调用连到 Consul 实例，并将服务以 `distributed_app` 的名字，与服务名 `server1` 或者 `server2`，一同注册到 Consul。每个服务使用不同的端口，分别是 `2001` 和 `2002`。

当该框架开始运行时，会创建两个 Web 应用的工作进程，并将其分别注册到 Consul。应用程序会使用本地的 Consul 节点来创建服务。参数 `%h` 是主机名的简写，执行时会使用正确的主机名替换，如代码清单 7-54 所示。

代码清单 7-54　Consul 插件的 URL

```
url=http://%h.node.consul:8500...
```

最后，`Dockerfile` 会使用 `ENTRYPOINT` 指令来自动运行应用的工作进程。

现在来构建镜像，如代码清单 7-55 所示。

代码清单 7-55　构建 `distributed_app` 镜像

```
$ sudo docker build -t="jamtur01/distributed_app" .
```

注意

可以从官网[①]或者 GitHub[②]获取 `distributed_app` 的 `Dockerfile`、相关配置和应用程序文件。

2．构建分布式客户端

现在来创建用于构建 `distributed_client` 镜像的 `Dockerfile` 文件。先来创建用来保存镜像的目录，如代码清单 7-56 所示。

代码清单 7-56　创建保存 `distributed_client` 的 `Dockerfile` 的目录

```
$ mkdir distributed_client
$ cd distributed_client
$ touch Dockerfile
```

现在来看看 `distributed_client` 应用程序的 `Dockerfile` 的内容，如代码清单 7-57 所示。

[①] http://dockerbook.com/code/7/consul/

[②] https://github.com/jamtur01/dockerbook-code/tree/master/code/7/consul/

代码清单 7-57   distributed_client 使用的 Dockerfile

```
FROM ubuntu:14.04
MAINTAINER James Turnbull "james@example.com"
ENV REFRESHED_AT 2014-06-01

RUN apt-get -qqy update
RUN apt-get -qqy install ruby ruby-dev build-essential
RUN gem install --no-ri --no-rdoc json

RUN mkdir -p /opt/distributed_client
ADD client.rb /opt/distributed_client/

WORKDIR /opt/distributed_client

ENTRYPOINT [ "ruby", "/opt/distributed_client/client.rb" ]
CMD []
```

这个 Dockerfile 先安装了 **Ruby** 以及一些需要的包和 **gem**，然后创建了 /opt /distributed_client 目录，并将其作为工作目录。之后将包含了客户端应用程序代码的 client.rb 文件复制到镜像的 /opt/distributed_client 目录。

现在来看看这个应用程序的代码，如代码清单 7-58 所示。

代码清单 7-58   distributed_client 应用程序

```
require "rubygems"
require "json"
require "net/http"
require "uri"
require "resolv"

uri = URI.parse("http://consul.service.consul:8500/v1/catalog/service/
  distributed_app")

http = Net::HTTP.new(uri.host, uri.port)
request = Net::HTTP::Get.new(uri.request_uri)
response = http.request(request)

while true
```

```
  if response.body == "{}"
    puts "There are no distributed applications registered in Consul"
    sleep(1)
  elsif
    result = JSON.parse(response.body)
    result.each do |service|
      puts "Application #{service['ServiceName']} with element #{service
        ["ServiceID"]} on port #{service["ServicePort"]} found on node #{
        service["Node"]} (#{service["Address"]})."
      dns = Resolv::DNS.new.getresources("distributed_app.service.consul",
        Resolv::DNS::Resource::IN::A)
      puts "We can also resolve DNS - #{service['ServiceName']}resolves
        to #{dns.collect { |d| d.address }.join(" and ")}."
      sleep(1)
    end
  end
end
```

这个客户端首先检查 Consul HTTP API 和 Consul DNS，判断是否存在名叫 distributed_app 的服务。客户端查询宿主机 consul.service.consul，返回的结果和之前看到的包含所有 Connsul 集群节点的 A 记录的 DNS CNAME 记录类似。这可以让我们的查询变简单。

如果没有找到服务，客户端会在控制台（consloe）上显示一条消息。如果检查到 distributed_app 服务，就会：

- 解析从 API 返回的 JSON 输出，并将一些有用的信息输出到控制台；
- 对这个服务执行 DNS 查找，并将返回的所有 A 记录输出到控制台。

这样，就可以查看启动 Consul 集群中 distributed_app 容器的结果。

最后，Dockerfile 用 ENTRYPOINT 命令指定了容器启动时，运行 client.rb 命令来启动应用。

现在来构建镜像，如代码清单 7-59 所示。

代码清单 7-59　构建 distributed_client 镜像

```
$ sudo docker build -t="jamtur01/distributed_client" .
```

注意

可以从官网①或者 GitHub②下载 distributed_client 的 Dockerfile 和应用程序
文件。

3．启动分布式应用

现在已经构建好了所需的镜像，可以在 larry 和 curly 上启动 distributed_app
应用程序容器了。假设这两台机器已经按照之前的配置正常运行了 Consul。先从在 larry
上运行一个应用程序实例开始，如代码清单 7-60 所示。

代码清单 7-60　在 larry 启动 distributed_app

```
larry$ sudo docker run -h $HOSTNAME -d --name larry_distributed \
jamtur01/distributed_app
```

这里启动了 jamtur01/distributed_app 镜像，并且使用-h 标志指定了主机名。
主机名很重要，因为 uWSGI 使用主机名来获知 Consul 服务注册到了哪个节点。之后将这个
容器命名为 larry_distributed，并以守护进方式模式运行该容器。

如果检查容器的输出日志，可以看到 uWSGI 启动了 Web 应用工作进程，并将其作为服
务注册到 Consul，如代码清单 7-61 所示。

代码清单 7-61　distributed_app 日志输出

```
larry$ sudo docker logs larry_distributed
[uWSGI] getting INI configuration from uwsgi-consul.ini
*** Starting uWSGI 2.0.6 (64bit) on [Tue Sep 2 03:53:46 2014] ***
. . .
[consul] built service JSON: {"Name":"distributed_app","ID":"server1",
  "Check":{"TTL":"30s"},"Port":2001}
[consul] built service JSON: {"Name":"distributed_app","ID":"server2",
  "Check":{"TTL":"30s"},"Port":2002}
[consul] thread for register_url=http://larry.node.consul:8500/v1/
    agent/service/register check_url=http://larry.node.consul:8500/v1/
    agent/check/pass/service:server1 name=distributed_app
    id=server1 started
```

---

① http://dockerbook.com/code/7/consul/
② https://github.com/jamtur01/dockerbook-code/tree/master/code/7/consul/

```
. . .
Tue Sep 2 03:53:47 2014 - [consul] workers ready, let's register
    the service to the agent
[consul] service distributed_app registered successfully
```

这里展示了部分日志。从这个日志里可以看到 uWSGI 已经启动了。Consul 插件为每个 distributed_app 工作进程构造了一个服务项[①]，并将服务项注册到 Consul 里。如果现在检查 Consul 网页界面，应该可以看到新注册的服务，如图 7-4 所示。

图 7-4　Consul 网页界面中的 distributed_app 服务

现在在 curly 上再启动一个 Web 应用工作进程，如代码清单 7-62 所示。

代码清单 7-62　在 curly 上启动 distributed_app

```
curly$ sudo docker run -h $HOSTNAME -d --name curly_distributed \
jamtur01/distributed_app
```

如果查看日志或者 Consul 网页界面，应该可以看到更多已经注册的服务，如图 7-5 所示。

4．启动分布式应用客户端

现在已经在 larry 和 curly 启动了 Web 应用工作进程，继续在 moe 上启动应用客户端，看看能不能从 Consul 查询到数据，如代码清单 7-63 所示。

---

① http://www.consul.io/docs/agent/services.html

代码清单 7-63　在 moe 上启动 distributed_client

```
moe$ sudo docker run -h $HOSTNAME -d --name moe_distributed \
jamtur01/distributed_client
```

这次，在 moe 上运行了 jamtur01/distributed_client 镜像，并将容器命名为
moe_distributed。现在来看看容器输出的日志，看一下分布式客户端是不是找到了 Web
应用工作进程的相关信息，如代码清单 7-64 所示。

图 7-5　Consul 网页界面上的更多 distributed_app 服务

代码清单 7-64　moe 上的 distributed_client 日志

```
moe$ sudo docker logs moe_distributed
Application distributed_app with element server2 on port 2002 found on
  node larry (104.131.38.54).
We can also resolve DNS - distributed_app resolves to 104.131.38.55 and
  104.131.38.54.
Application distributed_app with element server1 on port 2001 found on
  node larry (104.131.38.54).
We can also resolve DNS - distributed_app resolves to 104.131.38.54 and
  104.131.38.55.
Application distributed_app with element server2 on port 2002 found on
```

```
node curly (104.131.38.55).
We can also resolve DNS - distributed_app resolves to 104.131.38.55 and
    104.131.38.54.
Application distributed_app with element server1 on port 2001 found on
    node curly (104.131.38.55).
```

从这个日志可以看到，应用 `distributed_client` 查询了 HTTP API，找到了关于 `distributed_app` 及其 `server1` 和 `server2` 工作进程的服务项，这两个服务项分别运行在 `larry` 和 `curly` 上。客户端还通过 DNS 查找到运行该服务的节点的 IP 地址 `104.131.38.54` 和 `104.131.38.55`。

在真实的分布式应用程序里，客户端和工作进程可以通过这些信息在分布式应用的节点间进行配置、连接、分派消息。这提供了一种简单、方便且有弹性的方法来构建分离的 Docker 容器和宿主机里运行的分布式应用程序。

7.3 Docker Swarm

Docker Swarm 是一个原生的 Docker 集群管理工具。Swarm 将一组 Docker 主机作为一个虚拟的 Docker 主机来管理。Swarm 有一个非常简单的架构，它将多台 Docker 主机作为一个集群，并在集群级别上以标准 Docker API 的形式提供服务。这非常强大，它将 Docker 容器抽象到集群级别，而又不需要重新学习一套新的 API。这也使得 Swarm 非常容易和那些已经集成了 Docker 的工具再次集成，包括标准的 Docker 客户端。对 Docker 客户端来说，Swarm 集群不过是另一台普通的 Docker 主机而已。

Swarm 也像其他 Docker 工具一样，遵循了类似笔记本电池一样的设计原则，虽然自带了电池，但是也可以选择不使用它。这意味着，Swarm 提供了面向简单应用场景的工具以及后端集成，同时提供了 API（目前还处于成长期）用于与更复杂的工具及应用场景进行集成。Swarm 基于 Apache 2.0 许可证发布，可以在 GitHub[①]上找到它的源代码。

> **注意**
>
> Swarm 仍是一个新项目，它的基本雏形已现，但是亦可以期待随着项目的进化，它可以开发和演化更多的 API。可以在 GitHub 上找到它的发展蓝图[②]。

---

① https://github.com/docker/swarm
② https://github.com/docker/swarm/blob/master/ROADMAP.md

7.3.1　安装 Swarm

安装 Swarm 最简单的方法就是使用 Docker 自己。我知道这听起来可能有一点儿超前，但是 Docker 公司为 Swarm 提供了一个实时更新的 Docker 镜像，可以轻易下载并运行这个镜像。我们这里也将采用这种安装方式。

因此，Swarm 没有像第 2 章那样需要很多前提条件。这里我们假设读者已经按照第 2 章的指导安装好了 Docker。

要想支持 Swarm，Docker 有一个最低的版本。用户的所有 Docker 主机都必须在 1.4.0 或者更高版本之上。此外，运行 Swarm 的所有 Docker 节点也都必须运行着同一个版本的 Docker。不能混合搭配不同的版本，比如应该让 Docker 上的每个节点都运行在 1.6.0 之上，而不能混用 1.5.0 版本和 1.6.0 版本的节点。

我们将在两台主机上安装 Swarm，这两台主机分别为 smoker 和 joker。smoker 的主机 IP 是 10.0.0.125，joker 的主机 IP 是 10.0.0.135。两台主机都安装并运行着最新版本的 Docker。

让我们先从 smoker 主机开始，在其上拉取 swarm 镜像，如代码清单 7-65 所示。

代码清单 7-65　在 smoker 上拉取 Docker Swarm 镜像

```
smoker$ sudo docker pull swarm
```

之后再到 joker 上做同样的操作，如代码清单 7-66 所示。

代码清单 7-66　在 joker 上拉取 Docker Swarm 镜像

```
joker$ sudo docker pull swarm
```

我们可以确认一下 Swarm 镜像是否下载成功，如代码清单 7-67 所示。

代码清单 7-67　查看 Swarm 镜像

```
$ docker images swarm
REPOSITORY      TAG      IMAGE ID      CREATED       VIRTUAL SIZE
swarm           latest bf8b6923851d 6 weeks ago 7.19 MB
```

7.3.2　创建 Swarm 集群

我们已经在两台主机上下载了 swarm 镜像，之后就可以创建 Swarm 集群了。集群中的每台主机上都运行着一个 Swarm 节点代理。每个代理都将该主机上的相关 Docker 守护进程注册到集群中。和节点代理相对的是 Swarm 管理者，用于对集群进行管理。

集群注册可以通过多种可能的集群发现后端（discovery backend）来实现。默认的集群发现后端是基于 Docker Hub。它允许用户在 Docker Hub 中注册一个集群，然后返回一个集群 ID，我们之后可以使用这个集群 ID 向集群添加额外的节点。

> **提示**
>
> 其他的集群发现后端包括 etcd、Consul 和 Zookeeper，甚至是一个 IP 地址的静态列表。我们能使用之前创建的 Consule 集群为 Docker Swarm 集群提供发现方式。可以在 https://docs.ocker.com/swarm/discovery/ 获得更多关于集群发现的说明。

这里我们使用默认的 Docker Hub 作为集群发现服务创建我们的第一个 Swarm 集群。我们还是在 smoker 主机上创建 Swarm 集群，如代码清单 7-68 所示。

代码清单 7-68　创建 Docker Swarm

```
smoker$ sudo docker run --rm swarm create
b811b0bc438cb9a06fb68a25f1c9d8ab
```

我们看到该命令返回了一个字符串 b811b0bc438cb9a06fb68a25f1c9d8ab。这是我们的集群 ID。这是一个唯一的 ID，我们能利用这个 ID 向 Swarm 集群中添加节点。用户应该保管好这个 ID，并且只有当用户想向集群中添加节点时才拿出来使用。

接着我们在每个节点上运行 Swarm 代理。让我们从 smoker 主机开始，如代码清单 7-69 所示。

代码清单 7-69　在 smoker 上运行 swarm 代理

```
smoker$ sudo docker run -d swarm join --addr=10.0.0.125:2375
  token://b811b0bc438cb9a06fb68a25f1c9d8ab
b5fb4ecab5cc0dadc0eeb8c157b537125d37e541d0d96e11956c2903ca69eff0
```

接着在 joker 上运行 Swarm 代理，如代码清单 7-70 所示。

代码清单 7-70　在 joker 上运行 swarm 代理

```
joker$ sudo docker run -d swarm join --addr=10.0.0.135:2375 token
  ://b811b0bc438cb9a06fb68a25f1c9d8ab
537bc90446f12bfa3ba41578753b63f34fd5fd36179bffa2dc152246f4b449d7
```

这将创建两个 Swarm 代理，这些代理运行在运行了 swarm 镜像的 Docker 化容器中。
我们通过传递给容器的 join 标志，通过 --addr 选项传递的本机 IP 地址，以及代表集群
ID 的 token，启动一个代理。每个代理都会绑定到它们所在主机的 IP 地址上。每个代理都
会加入 Swarm 集群中去。

提示

像 Docker 一样，用户也可以让自己的 Swarm 通过 TLS 和 Docker 节点进行连接。我们将
会在第 8 章介绍如何配置 Docker 来使用 TLS。

我们可以通过查看代理容器的日志来了解代理内部是如何工作的，如代码清单 7-71
所示。

代码清单 7-71 查看 smoker 代理的日志

```
smoker$ docker logs b5fb4ecab5cc
time="2015-04-12T17:54:35Z" level=info msg="Registering on the
  discovery service every 25 seconds..." addr="10.0.0.125:2375"
  discovery="token://b811b0bc438cb9a06fb68a25f1c9d8ab"
time="2015-04-12T17:55:00Z" level=info msg="Registering on the
  discovery service every 25 seconds..." addr="10.0.0.125:2375"
  discovery="token://b811b0bc438cb9a06fb68a25f1c9d8ab"
. . .
```

我们可以看到，代理每隔 25 秒就会向发现服务进行注册。这将告诉发现后端 Docker Hub
该代理可用，该 Docker 服务器也可以被使用。

下面我们就来看看集群是如何工作的。我们可以在任何运行着 Docker 的主机上执行这
一操作，而不一定必须要在 Swarm 集群的节点中。我们甚至可以在自己的笔记本电脑上安
装好 Docker 并下载了 swarm 镜像后，本地运行 Swarm 集群，如代码清单 7-72 所示。

代码清单 7-72 列出我们的 Swarm 节点

```
$ docker run --rm swarm list token://
  b811b0bc438cb9a06fb68a25f1c9d8ab
10.0.0.125:2375
10.0.0.135:2375
```

这里我们运行了 swarm 镜像，并指定了 list 标志以及集群的 token。该命令返回了

集群中所有节点的列表。下面让我们来启动 Swarm 集群管理者。我们可以通过 Swarm 集群管理者来对集群进行管理。同样，我们也可以在任何安装了 Docker 的主机上执行以下命令，如代码清单 7-73 所示。

代码清单 7-73　启动 Swarm 集群管理者

```
$ docker run -d -p 2380:2375 swarm manage token://
b811b0bc438cb9a06fb68a25f1c9d8ab
```

这将创建一个新容器来运行 Swarm 集群管理者。同时我们还将 2380 端口映射到了 2375 端口。我们都知道 2375 是 Docker 的标准端口。我们将使用这个端口来和标准 Docker 客户端或者 API 进行交互。我们运行了 swarm 镜像，并通过指定 manager 选项来启动管理者，还指定了集群 ID。现在我们就可以通过这个管理者来向集群发送命令了。让我们从在 Swarm 集群中运行 docker info 开始。这里我们通过-H 选项来指定 Swarm 集群管理节点的 API 端点，如代码清单 7-74 所示。

代码清单 7-74　在 Swarm 集群中运行 `docker info` 命令

```
$ sudo docker -H tcp://localhost:2380 info
Containers: 4
Nodes: 2
 joker: 10.0.0.135:2375 ⌐
   Containers: 2 ⌐
 Reserved CPUs: 0 / 1 ⌐
 Reserved Memory: 0 B / 994 MiB
smoker: 10.0.0.125:2375 ⌐
 Containers: 2 ⌐
 Reserved CPUs: 0 / 1 ⌐
 Reserved Memory: 0 B / 994 MiB
```

我们看到，除了标准的 docker info 输出之外，Swarm 还向我们输出了所有节点信息。我们可以看到每个节点、节点的 IP 地址、每台节点上有多少容器在运行，以及 CPU 和内存这样的容量信息。

7.3.3　创建容器

现在让我们通过一个小的 shell 循环操作来创建 6 个 Nginx 容器，如代码清单 7-75 所示。

代码清单 7-75　通过循环创建 6 个 Nginx 容器

```
$ for i in `seq 1 6`;do sudo docker -H tcp://localhost:2380 run -
  d --name www-$i -p 80 nginx;done
37d5c191d0d59f00228fbae86f54280ddd116677a7cfcb8be7ff48977206d1e2
b194a69468c03cee9eb16369a3f9b157413576af3dcb78e1a9d61725c26c2ec7
47923801a6c6045427ca49054fb988ffe58e3e9f7ff3b1011537acf048984fe7
90f8bf04d80421888915c9ae8a3f9c35cf6bd351da52970b0987593ed703888f
5bf0ab7ddcd72b11dee9064e504ea6231f9aaa846a23ea65a59422a2161f6ed4
b15bce5e49fcee7443a93601b4dde1aa8aa048393e56a6b9c961438e419455c5
```

这里我们运行了包装在一个 shell 循环里的 docker run 命令。我们通过-H 选项为 Docker 客户端指定了 tcp://localhost:2380 地址，也就是 Swarm 管理者的地址。我们告诉 Docker 以守护方式启动容器，并将容器命名为 www-加上一个循环变量$i。这些容器都是基于 nginx 镜像创建的，并都打开了 80 端口。

我们看到上面的命令返回了 6 个容器的 ID，这也是 Swarm 在集群中启动的 6 个容器。

让我们来看看这些正在运行中的容器，如代码清单 7-76 所示。

代码清单 7-76　Swarm 在集群中执行 docker ps 的输出

```
$ sudo docker -H tcp://localhost:2380 ps
CONTAINER ID IMAGE ... PORTS                             NAMES
b15bce5e49fc nginx     443/tcp,10.0.0.135:49161->80/tcp  joker/www-6
47923801a6c6 nginx     443/tcp,10.0.0.125:49158->80/tcp  smoker/www-3
5bf0ab7ddcd7 nginx     443/tcp,10.0.0.135:49160->80/tcp  joker/www-5
90f8bf04d804 nginx     443/tcp,10.0.0.125:49159->80/tcp  smoker/www-4
b194a69468c0 nginx     443/tcp,10.0.0.135:49157->80/tcp  joker/www-2
37d5c191d0d5 nginx     443/tcp,10.0.0.125:49156->80/tcp  smoker/www-1
```

注意

这里我们省略了输出中部分列的信息，以节省篇幅，包括容器启动时运行的命令、容器当前状态以及容器创建的时间。

我们可以看到我们已经运行了 docker ps 命令，但它不是在本地 Docker 守护进程中，而是跨 Swarm 集群运行的。我们看到结果中有 6 个容器在运行，平均分配在集群的两个节点上。那么，Swarm 是如何决定容器应该在哪个节点上运行呢？

Swarm 根据过滤器（filter）和策略（strategy）的结合来决定在哪个节点上运行容器。

7.3.4　过滤器

过滤器是告知 Swarm 该优先在哪个节点上运行容器的明确指令。

目前 Swarm 具有如下 5 种过滤器：

- 约束过滤器（constraint filter）；
- 亲和过滤器（affinity filter）；
- 依赖过滤器（dependency filter）；
- 端口过滤器（port filter）；
- 健康过滤器（health filter）。

下面我们就来逐个了解一下这些过滤器。

1．约束过滤器

约束过滤器依赖于用户给各个节点赋予的标签。举例来说，用户想为使用特殊存储类型或者指定操作系统的节点来分组。约束过滤器需要在启动 Docker 守护进程时，设置键值对标签，通过--label 标注来设置，如代码清单 7-77 所示。

代码清单 7-77　运行 Docker 守护进程时设置约束标签

```
$ sudo docker daemon --label datacenter=us-east1
```

Docker 还提供了一些 Docker 守护进程启动时标准的默认约束，包括内核版本、操作系统、执行驱动（execution driver）和存储驱动（storage driver）。如果我们将这个 Docker 实例加入 Swarm 集群，就可以通过代码清单 7-78 所示的方式在容器启动时选择这个 Docker 实例。

代码清单 7-78　启动容器时指定约束过滤器

```
$ sudo docker -H tcp://localhost:2380 run -e constraint:
datacenter==us-east1 -d --name www-use1 -p 80 nginx
```

这里我们启动了一个名为 www-use1 的容器，并通过-e 选项指定约束条件，这里用来匹配 datacenter==us-east1。这样将会在设置了这个标签的 Docker 守护进程中启动该容器。这个约束过滤器支持相等匹配==和不等匹配!=，也支持使用正则表达式，如代码清单 7-79 所示。

代码清单 7-79   启动容器时在约束过滤器中使用正则表达式

```
$ sudo docker -H tcp://localhost:2380 run -e constraint:
  datacenter==us-east* -d --name www-use1 -p 80 nginx
```

这会在任何设置了 `datacenter` 标签并且标签值匹配 `us-east*` 的 Swarm 节点上启动容器。

2．亲和过滤器

亲和过滤器让容器运行更互相接近，比如让容器 web1 挨着 haproxy1 容器或者挨着指定 ID 的容器运行，如代码清单 7-80 所示。

代码清单 7-80   启动容器时指定亲和过滤器

```
$ sudo docker run -d --name www-use2 -e affinity:container==www-use1
  nginx
```

这里我们通过亲和过滤器启动了一个容器，并告诉这个容器运行在 www-use1 容器所在的 Swarm 节点上。我们也可以使用不等于条件，如代码清单 7-81 所示。

代码清单 7-81   启动容器时在亲和过滤器中使用不等于条件

```
$ sudo docker run -d --name db1 -e affinity:container!=www-use1
  mysql
```

读者会看到这里我们在亲和过滤器中使用了 != 比较操作符。这将告诉 Docker 在任何没有运行 www-use1 容器的 Swarm 节点上运行这个容器。

我们也能匹配已经拉取了指定镜像的节点，如 `affinity :image==nginx` 将会让容器在任何已经拉取了 nginx 镜像的节点上运行。或者，像约束过滤器一样，我们也可以通过按名字或者正则表达式来搜索容器来匹配特定的节点，如代码清单 7-82 所示。

代码清单 7-82   启动容器时在亲和过滤器中使用正则表达式

```
$ sudo docker run -d --name db1 -e affinity:container!=www-use*
  mysql
```

3．依赖过滤器

在具备指定卷或容器链接的节点上启动容器。

4．端口过滤器

通过网络端口进行调度，在具有指定端口可用的节点上启动容器，如代码清单 7-83 所示。

代码清单 7-83　使用端口过滤器

```
$ sudo docker -H tcp://localhost:2380 run -d --name haproxy -p
  80:80 haproxy
```

5．健康过滤器

利用健康过滤器，Swarm 就不会将任何容器调度到被认为不健康的节点上。通常来说，不健康是指 Swarm 管理者或者发现服务报告某集群节点有问题。

可以在 http://docs.docker.com/swarm/scheduler/filter/查看到 Swarm 过滤器的完整列表，以及它们的具体配置。

> **提示**
>
> 可以通过为 swarm manage 命令传递--filter 标志来控制哪些过滤器能用。

7.3.5　策略

策略允许用户用集群节点更隐式的特性来对容器进行调度，比如该节点可用资源的数量等，只在拥有足够内存或者 CPU 的节点上启动容器。Docker Swarm 现在有 3 种策略：平铺（Spread）策略、紧凑（BinPacking）策略和随机（Random）策略。但只有平铺策略和紧凑策略才真正称得上是策略。默认的策略是平铺策略。

可以在执行 swarm manage 命令时，通过--strategy 标志设置用户想选用的策略。

1．平铺策略

平铺策略会选择已运行容器数量最少的节点。使用平铺策略会让所有容器比较平均地分配到集群中的每个节点上。

2．紧凑策略

紧凑策略会根据每个节点上可用的 CPU 和内存资源为节点打分，它会先返回使用最紧凑的节点。这将会保证节点最大限度地被使用，避免碎片化，并确保在需要启动更大的容器时有最大数量的空间可用。

3．随机策略

随机策略会随机选择一个节点来运行容器。这主要用于调试中，生产环境下请不要使用这种策略。

7.3.6   小结

读者可能希望看到 Swarm 还是很有潜力的，也有了足够的基础知识来尝试一下 Swam。这里我再次提醒一下，Swarm 还处于 beta 阶段，还不推荐在生产环境中使用。

7.4   其他编配工具和组件

正如前面提到的，Compose 和 Consul 不是 Docker 编配工具这个家族里唯一的选择。编配工具是一个快速发展的生态环境，没有办法列出这个领域中的所有可用的工具。这些工具的功能不尽相同，不过大部分都属于以下两个类型：

- 调度和集群管理；
- 服务发现。

注意

本节中列出的服务都在各自的许可下开源了。

7.4.1   Fleet 和 etcd

Fleet 和 etcd 由 CoreOS[1]团队发布。Fleet[2]是一个集群管理工具，而 etcd[3]是一个高可用性的键值数据库，用于共享配置和服务发现。Fleet 与 systemd 和 etcd 一起，为容器提供了集群管理和调度能力。可以把 Fleet 看作是 systemd 的扩展，只是不是工作在主机层面上，而是工作在集群这个层面上。

---

[1] https://coreos.com/
[2] https://github.com/coreos/fleet
[3] https://github.com/coreos/etcd

7.4.2　Kubernetes

Kubernetes[1]是由 Google 开源的容器集群管理工具。这个工具可以使用 Docker 在多个宿主机上分发并扩展应用程序。Kubernetes 主要关注需要使用多个容器的应用程序，如弹性分布式微服务。

7.4.3　Apache Mesos

Apache Mesos[2]项目是一个高可用的集群管理工具。Mesos 从 Mesos 0.20 开始，已经内置了 Docker 集成，允许利用 Mesos 使用容器。Mesos 在一些创业公司里很流行，如著名的 Twitter 和 AirBnB。

7.4.4　Helios

Helios[3]项目由 Spotify 的团队发布，是一个为了在全流程中发布和管理容器而设计的 Docker 编配平台。这个工具可以创建一个抽象的"作业"（job），之后可以将这个作业发布到一个或者多个运行 Docker 的 Helios 宿主机。

7.4.5　Centurion

Centurion[4]是一个基于 Docker 的部署工具，由 New Relic 团队打造并开源。Centurion 从 Docker Registry 里找到容器，并在一组宿主机上使用正确的环境变量、主机卷映射和端口映射来运行这个容器。这个工具的目的是帮助开发者利用 Docker 做持续部署。

7.5　小结

本章介绍了如何使用 Compose 进行编配工作，展示了如何添加一个 Compose 配置文件来创建一个简单的应用程序栈，还展示了如何运行 Compose 并构建整个栈，以及如何用 Compose 完成一些基本的管理工作。

---

[1] https://github.com/GoogleCloudPlatform/kubernetes
[2] http://mesos.apache.org/
[3] https://github.com/spotify/helios
[4] https://github.com/newrelic/centurion

本章还展示了服务发现工具 Consul，介绍了如何将 Consul 安装到 Docker 以及如何创建 Consul 节点集群，还演示了在 Docker 上简单的分布式应用如何工作。

我们还介绍了 Docker 自己的集群和调度工具 Docker Swarm。

我们学习了如何安装 Swarm，如何对 Swarm 进行管理，以及如何在 Swarm 集群间进行任务调度。

本章最后展示了可以用在 Docker 生态环境中的其他编配工具。

下一章会介绍 Docker API，如何使用这些 API，以及如何通过 TLS 与 Docker 守护进程建立安全的链接。

第 8 章
使用 Docker API

在第 6 章中，我们已经学习了很多优秀的例子，关于如何在 Docker 中运行服务和构建应用程序，以及以 Docker 为中心的工作流。TProv 应用就是其中一例，它主要以在命令行中使用 docker 程序，并且获取标准输出的内容。从与 Docker 进行集成的角度来看，这并不是一个很理想的方案，尤其是 Docker 提供了强大的 API，用户完全可以直接将这些 API 用于集成。

在本章中，我们将会介绍 Docker API，并看看如何使用它。我们已经了解了如何将 Docker 守护进程绑定到网络端口，从现在开始我们将会从一个更高的层次对 Docker API 进行审视，并抓住它的核心内容。我们还会再回顾一下 TProv 这个应用，这个应用我们在第 6 章里已经见过了，在本章我们会将其中直接使用了 docker 命令行程序的部分用 Docker API 进行重写。最后，我们还会再看一下如何使用 TLS 来实现 API 中的认证功能。

8.1 Docker API

在 Docker 生态系统中一共有 3 种 API[1]。

- Registry API：提供了与来存储 Docker 镜像的 Docker Registry 集成的功能。
- Docker Hub API：提供了与 Docker Hub[2]集成的功能。
- Docker Remote API：提供与 Docker 守护进程进行集成的功能。

所有这 3 种 API 都是 RESTful[3]风格的。在本章中，我们将会着重对 Remote API 进行介绍，因为它是通过程序与 Docker 进行集成和交互的核心内容。

---

[1] http://docs.docker.com/reference/api/

[2] http://hub.docker.com

[3] http://en.wikipedia.org/wiki/Representational_state_transfer

8.2　初识 Remote API

让我们浏览一下 Docker Remote API，并看看它都提供了哪些功能。首先需要牢记的是，Remote API 是由 Docker 守护进程提供的。在默认情况下，Docker 守护进程会绑定到一个所在宿主机的套接字，即 unix:///var/run/docker.sock。Docker 守护进程需要以 root 权限来运行，以便它有足够的权限去管理所需要的资源。也正如在第 2 章所阐述的那样，如果系统中存在一个名为 docker 用户组，Docker 会将上面所说的套接字的所有者设为该用户组。因此任何属于 docker 用户组的用户都可以运行 Docker 而无须 root 权限。

> **警告**
>
> 谨记，虽然 docker 用户组让我们的工作变得更轻松，但它依旧是一个值得注意的安全隐患。可以认为 docker 用户组和 root 具有相当的权限，应该确保只有那些需要此权限的用户和应用程序才能使用该用户组。

如果我们只查询在同一台宿主机上运行 Docker 的 Remote API，那么上面的机制看起来没什么问题，但是如果我们想远程访问 Remote API，我们就需要将 Docker 守护进程绑定到一个网络接口上去。我们只需要给 Docker 守护进程传递一个 -H 标志即可做到这一点。

如果用户可以在本地使用 Docker API，那么就可以使用 nc 命令来进行查询，如代码清单 8-1 所示。

代码清单 8-1　在本地查询 Docker API

```
$ echo -e "GET /info HTTP/1.0\r\n" | sudo nc -U /var/run/docker.
sock
```

在大多数操作系统上，可以通过编辑守护进程的启动配置文件将 Docker 守护进程绑定到指定网络接口。对于 Ubuntu 或者 Debian，我们需要编辑 /etc/default/docker 文件；对于使用了 Upstart 的系统，则需要编辑 /etc/init/docker.conf 文件；对于 Red Hat、Fedora 及相关发布版本，则需要编辑 /etc/sysconfig/docker 文件；对于那些使用了 Systemd 的发布版本，则需要编辑 /usr/lib/systemd/system/docker.service 文件。

让我们来看看如何在一个运行 systemd 的 Red Hat 衍生版上将 Docker 守护进程绑定到一个网络接口上。我们将编辑 /usr/lib/systemd/system/docker.service 文件，将代码清单 8-2 所示的内容修改为代码清单 8-3 所示的内容。

代码清单 8-2　默认的 Systemd 守护进程启动选项

```
ExecStart=/usr/bin/docker -d --selinux-enabled
```

代码清单 8-3　绑定到网络接口的 Systemd 守护进程启动选项

```
ExecStart=/usr/bin/docker -d --selinux-enabled -H tcp://0.0.0.0:2375
```

这将把 Docker 守护进程绑定到该宿主机的所有网络接口的 2375 端口上。之后需要使用
`systemctl` 命令来重新加载并启动该守护进程，如代码清单 8-4 所示。

代码清单 8-4　重新加载和启动 Docker 守护进程

```
$ sudo systemctl --system daemon-reload
```

提示

用户还需要确保任何 Docker 宿主机上的防火墙或者自己和 Docker 主机之间的防火墙能允
许用户在 2375 端口上与该 IP 地址进行 TCP 通信。

现在我们可以通过 `docker` 客户端命令的 `-H` 标志来测试一下刚才的配置是否生效。让
我们从一台远程主机来访问 Docker 守护进程，如代码清单 8-5 所示。

代码清单 8-5　连接到远程 Docker 守护进程

```
$ sudo docker -H docker.example.com:2375 info
Containers: 0
Images: 0
Driver: devicemapper
 Pool Name: docker-252:0-133394-pool
 Data file: /var/lib/docker/devicemapper/devicemapper/data
 Metadata file: /var/lib/docker/devicemapper/devicemapper/metadata
. . .
```

这里假定 Docker 所在主机名为 `docker.example.com`，并通过 `-H` 标志来指定了该主
机名。Docker 提供了更优雅的 `DOCKER_HOST` 环境变量（见代码清单 8-6），这样就省掉了
每次都需要设置 `-H` 标志的麻烦。

代码清单 8-6　检查 DOCKER_HOST 环境变量

```
$ export DOCKER_HOST="tcp://docker.example.com:2375"
```

> **警告**
>
> 请记住，与 Docker 守护进程之间的网络连接是没有经过认证的，是对外开放的。在本章的后面，我们将会看到如何为网络连接加入认证功能。

8.3　测试 Docker Remote API

现在已经通过 docker 程序建立并确认了与 Docker 守护进程之间的网络连通性，接着我们来试试直接连接到 API。为了达到此目的，会用到 curl 命令。接下来连接到 info API 接入点，如代码清单 8-7 所示，这会返回与 docker info 命令大致相同的信息。

代码清单 8-7　使用 info API 接入点

```
$ curl http://docker.example.com:2375/info
{
  "Containers": 0,
  "Debug": 0,
  "Driver": "devicemapper",
  . . .
  "IPv4Forwarding": 1,
  "Images": 0,
  "IndexServerAddress": "https://index.docker.io/v1/",
  "InitPath": "/usr/libexec/docker/dockerinit",
  "InitSha1": "dafd83a92eb0fc7c657e8eae06bf493262371a7a",
  "KernelVersion": "3.9.8-300.fc19.x86_64",
  "LXCVersion": "0.9.0",
  "MemoryLimit": 1,
  "NEventsListener": 0,
  "NFd": 10,
  "NGoroutines": 14,
  "SwapLimit": 0
}
```

这里通过 curl 命令连接到了提供了 Docker API 的网址 http://docker.example.com:2375，并指定了到 Docker API 的路径：主机 docker.example.com 上的 2375 端口，info 接入点。

可以看出，API 返回的都是 JSON 散列数据，上面的例子的输出里包括了关于 Docker

守护进程的系统信息。这展示出 Docker API 可以正常工作并返回了一些数据。

8.3.1 通过 API 来管理 Docker 镜像

让我们从一些基础的 API 开始：操作 Docker 镜像的 API。我们将从获取 Docker 守护进程中所有镜像的列表开始，如代码清单 8-8 所示。

代码清单 8-8 通过 API 获取镜像列表

```
$ curl http://docker.example.com:2375/images/json | python -m json.tool
[
  {
    "Created": 1404088258,
    "Id": "2
e9e5fdd46221b6d83207aa62b3960a0472b40a89877ba71913998ad9743e065",
    "ParentId":"7
    cd0eb092704d1be04173138be5caee3a3e4bea5838dcde9ce0504cdc1f24cbb",
      "RepoTags": [
        "docker:master"
      ],
      "Size": 186470239,
      "VirtualSize": 1592910576
  },
. . .
  {
    "Created": 1403739688,
    "Id": "15
    d0178048e904fee25354db77091b935423a829f171f3e3cf27f04ffcf7cf56",
    "ParentId": "74830
    af969b02bb2cec5fe04bb2e168a4f8d3db3ba504e89cacba99a262baf48",
      "RepoTags": [
        "jamtur01/jekyll:latest"
      ],
      "Size": 0,
      "VirtualSize": 607622922
  }
. . .
]
```

> **注意**
>
> 我们已经使用 Python 的 JSON 工具对 API 的返回结果进行了格式化处理。

这里使用了 /images/json 这个接入点，它将返回 Docker 守护进程中的所有镜像的列表。它的返回结果提供了与 docker images 命令非常类似的信息。我们也可以通过镜像 ID 来查询某一镜像的信息，如代码清单 8-9 所示，这非常类似于使用 docker inspect 命令来查看某镜像 ID。

代码清单 8-9　获取指定镜像

```
curl http://docker.example.com:2375/images/15
 d0178048e904fee25354db77091b935423a829f171f3e3cf27f04ffcf7cf56/
 json | python -mjson.tool
{
   "Architecture": "amd64",
   "Author": "James Turnbull <james@example.com>",
   "Comment": "",
   "Config": {
      "AttachStderr": false,
      "AttachStdin": false,
      "AttachStdout": false,
      "Cmd": [
         "--config=/etc/jekyll.conf"
      ],
. . .
}
```

上面是我们查看 jamtur01/jekyll 镜像时输出的一部分内容。最后，也像命令行一样，我们也可以在 Docker Hub 上查找镜像，如代码清单 8-10 所示。

代码清单 8-10　通过 API 搜索镜像

```
$ curl "http://docker.example.com:2375/images/search?term=
 jamtur01" | python -mjson.tool
[
  {
     "description": "",
     "is_official": false,
```

```
        "is_trusted": true,
        "name": "jamtur01/docker-presentation",
        "star_count": 2
    },
    {
        "description": "",
        "is_official": false,
        "is_trusted": false,
        "name": "jamtur01/dockerjenkins",
        "star_count": 1
    },
. . .
]
```

在上面的例子里我们搜索了名字中带 jamtur01 的所有镜像，并显示了该搜索返回结果的一部分内容。这只是使用 Docker API 能完成的工作的一个例子而已，实际上还能用 API 进行镜像构建、更新和删除。

8.3.2　通过 API 管理 Docker 容器

Docker Remote API 也提供了所有在命令行中能使用的对容器的所有操作。我们可以使用/containers 接入点列出所有正在运行的容器，如代码清单 8-11 所示，就像使用 docker ps 命令一样。

代码清单 8-11　列出正在运行的容器

```
$ curl -s "http://docker.example.com:2375/containers/json" |
  python -mjson.tool
[
  {
      "Command": "/bin/bash",
      "Created": 1404319520,
      "Id":
      "cf925ad4f3b9fea231aee386ef122f8f99375a90d47fc7cbe43fac1d962dc51b",
      "Image": "ubuntu:14.04",
      "Names": [
          "/desperate_euclid"
      ],
```

```
        "Ports": [],
        "Status": "Up 3 seconds"
    }
]
```

这个查询将会显示出在 Docker 宿主机上正在运行的所有容器，在这个例子里只有一个容器在运行。如果想同时列出正在运行的和已经停止的容器，我们可以在接入点中增加 all 标志，并将它的值设置为 1，如代码清单 8-12 所示。

代码清单 8-12   通过 API 列出所有容器

```
http://docker.example.com:2375/containers/json?all=1
```

我们也可以通过使用 POST 请求来调用/containers/create 接入点来创建容器，如代码清单 8-13 所示。这是用来创建容器的 API 调用的一个最简单的例子。

代码清单 8-13   通过 API 创建容器

```
$ curl -X POST -H "Content-Type: application/json" \
http://docker.example.com:2375/containers/create \
-d '{
    "Image":"jamtur01/jekyll"
}'
{"Id":"591
  ba02d8d149e5ae5ec2ea30ffe85ed47558b9a40b7405e3b71553d9e59bed3",
  "Warnings":null}
```

我们调用了/containers/create 接入点，并 POST 了一个 JSON 散列数据，这个结构中包括要启动的镜像名。这个 API 返回了刚创建的容器的 ID，以及可能的警告信息。这条命令将会创建一个容器。

我们可以在创建新容器的时候提供更多的配置，这可以通过在 JSON 散列数据中加入键值对来实现，如代码清单 8-14 所示。

代码清单 8-14   通过 API 配置容器启动选项

```
$ curl -X POST -H "Content-Type: application/json" \
"http://docker.example.com:2375/containers/create?name=jekyll" \
-d '{
    "Image":"jamtur01/jekyll",
```

```
    "Hostname":"jekyll"
}'
{"Id":"591
  ba02d8d149e5ae5ec2ea30ffe85ed47558b9a40b7405e3b71553d9e59bed3",
  "Warnings":null}
```

上面的例子中我们指定了 `Hostname` 键，它的值为 `jekyll`，用来为所要创建的容器设置主机名。

要启动一个容器，需要使用 `/containers/start` 接入点，如代码清单 8-15 所示。

代码清单 8-15　通过 API 启动容器

```
$ curl -X POST -H "Content-Type: application/json" \
http://docker.example.com:2375/containers/591
  ba02d8d149e5ae5ec2ea30ffe85ed47558b9a40b7405e3b71553d9e59bed3/start \
-d '{
        "PublishAllPorts":true
}'
```

将这两个 API 组合在一起，就提供了与 `docker run` 相同的功能，如代码清单 8-16 所示。

代码清单 8-16　API 等同于 `docker run` 命令

```
$ sudo docker run jamtur01/jekyll
```

我们也可以通过 `/containers/` 接入点来得到刚创建的容器的详细信息，如代码清单 8-17 所示。

代码清单 8-17　通过 API 列出所有容器

```
$ curl http://docker.example.com:2375/containers/591
  ba02d8d149e5ae5ec2ea30ffe85ed47558b9a40b7405e3b71553d9e59bed3/
  json | python -mjson.tool
{
    "Args": [
      "build",
      "--destination=/var/www/html"
    ],
...
      "Hostname": "591ba02d8d14",
```

```
        "Image": "jamtur01/jekyll",
. . .
    "Id": "591
      ba02d8d149e5ae5ec2ea30ffe85ed47558b9a40b7405e3b71553d9e59bed3",
    "Image": "29
      d4355e575cff59d7b7ad837055f231970296846ab58a037dd84be520d1cc31",
. . .
    "Name": "/hopeful_davinci",
. . .
}
```

在这里可以看到，我们使用了容器 ID 查询了我们的容器，并展示了提供给我们的数据的示例。

8.4   改进 TProv 应用

现在让来看看第 6 章的 TProv 应用里所使用的方法。我们来看看用来创建和删除 Docker 容器的具体方法，如代码清单 8-18 所示。

代码清单 8-18   旧版本 TProv 容器启动方法

```
def get_war(name, url)
  cid = `docker run --name #{name} jamtur01/fetcher #{url} 2>&1`.chop
  puts cid
  [$?.exitstatus == 0, cid]
end

def create_instance(name)
  cid = `docker run -P --volumes-from #{name} -d -t jamtur01/
    tomcat7 2>&1`.chop
  [$?.exitstatus == 0, cid]
end

def delete_instance(cid)
  kill = `docker kill #{cid} 2>&1`
  [$?.exitstatus == 0, kill]
end
```

> **注意**
>
> 可以在本书网站①或者 GitHub②看到之前版本的 TProv 代码。

　　很粗糙，不是吗？我们直接使用了 docker 程序，然后再捕获它的输出结果。从很多方面来说这都是有问题的，其中最重要的是用户的 TProv 应用将只能运行在安装了 Docker 客户端的机器上。

　　我们可以使用 Docker 的客户端库利用 Docker API 来改善这种问题。在本例中，我们将使用 Ruby Docker-API 客户端库③。

> **提示**
>
> 可以在 http://docs.docker.com/reference/api/remote_api_client_libraries/ 找到可用的 Docker 客户端库的完整列表。目前 Docker 已经拥有了 Ruby、Python、Node.JS、Go、Erlang、Java 以及其他语言的库。

　　让我们先来看看如何建立到 Docker API 的连接，如代码清单 8-19 所示。

代码清单 8-19　Docker Ruby 客户端库

```
require 'docker'
. . .

module TProv
  class Application < Sinatra::Base

. . .

    Docker.url = ENV['DOCKER_URL'] || 'http://localhost:2375'
    Docker.options = {
      :ssl_verify_peer => false
    }
```

　　我们通过 require 指令引入了 docker-api 这个 gem。为了能让程序正确运行，需要事先安装这个 gem，或者把它加到 TProv 应用的 gem specification 中去。

---

① http://dockerbook.com/code/6/tomcat/tprov/
② https://github.com/jamtur01/dockerbook-code/tree/master/code/6/tomcat/tprov
③ https://github.com/swipely/docker-api

之后我们可以用 Docker.url 方法指定我们想要连接的 Docker 宿主机的地址。在上面的代码里，我们用了 DOCKER_URL 这个环境变量来指定这个地址，或者使用默认值 http://localhost:2375。

我们还通过 Docker.options 指定了我们想传递给 Docker 守护进程连接的选项。

我们还可以通过 IRB shell 在本地来验证我们的设想。现在就来试一试。用户需要在自己想测试的机器上先安装 Ruby，如代码清单 8-20 所示。这里假设我们使用的事 Fedora 宿主机。

代码清单 8-20　安装 Docker Ruby 客户端 API

```
$ sudo yum -y install ruby ruby-irb
. . .
$ sudo gem install docker-api json
. . .
```

现在我们就可以用 irb 命令来测试 Docker API 连接了，如代码清单 8-21 所示。

代码清单 8-21　用 irb 测试 Docker API 连接

```
$ irb
irb(main):001:0> require 'docker'; require 'pp'
=> true
irb(main):002:0> Docker.url = 'http://docker.example.com:2375'
=> "http://docker.example.com:2375"
irb(main):003:0> Docker.options = { :ssl_verify_peer => false }
=> {:ssl_verify_peer=>false}
irb(main):004:0> pp Docker.info
{"Containers"=>9,
 "Debug"=>0,
 "Driver"=>"aufs",
 "DriverStatus"=>[["Root Dir", "/var/lib/docker/aufs"], ["Dirs", "882"]],
 "ExecutionDriver"=>"native-0.2",
. . .
irb(main):005:0> pp Docker.version
{"ApiVersion"=>"1.12",
 "Arch"=>"amd64",
 "GitCommit"=>"990021a",
 "GoVersion"=>"go1.2.1",
```

```
"KernelVersion"=>"3.8.0-29-generic",
"Os"=>"linux",
"Version"=>"1.0.1"}
. . .
```

在上面我们启动了 irb 并且加载了 docker（通过 require 指令）和 pp 这两个 gem，
pp 用来对输出进行格式化以方便查看。之后我们调用了 Docker.url 和 Docker.options
两个方法，来设置目的 Docker 主机地址和我们需要的一些选项（这里将禁用 SSL 对等验证，
这样就可以在不通过客户端认证的情况下使用 TLS）。

之后我们又执行了两个全局方法 Docker.info 和 Docker.version，这两个 Ruby
客户端 API 提供了与 docker info 及 docker version 两个命令相同的功能。

现在我们就可以在 TProv 应用中通过 docker-api 这个客户端库，来使用 API 进行容
器管理。让我们来看一下相关代码，如代码清单 8-22 所示。

代码清单 8-22　修改后的 TProv 的容器管理方法

```
def get_war(name, url)
  container = Docker::Container.create('Cmd' => url, 'Image' =>
    'jamtur01/fetcher', 'name' => name)
  container.start
  container.id
end

def create_instance(name)
  container = Docker::Container.create('Image' => 'jamtur01/tomcat7')
  container.start('PublishAllPorts' => true, 'VolumesFrom' => name)
  container.id
end

def delete_instance(cid)
  container = Docker::Container.get(cid)
  container.kill
end
```

可以看到，我们用 Docker API 替换了之前使用的 docker 程序之后，代码变得更清晰
了。我们的 get_war 方法使用 Docker::Container.create 和 Docker::Container.
start 方法来创建和启动我们的 jamtur01/fetcher 容器。delete_instance 也能完

成同样的工作,不过创建的是 `jamtur01/tomcat7` 容器。最后,我们对 `delete_instance` 方法进行了修改,首先会通过 `Docker::Container.get` 方法根据参数的容器 ID 来取得一个容器实例,然后再通过 `Docker::Container.kill` 方法销毁该容器。

> **注意**
>
> 读者可以在本书网站[①]或者 GitHub[②]上看到改进后的 TProv 代码。

8.5　对 Docker Remote API 进行认证

我们已经看到了如何连接到 Docker Remote API,不过这也意味着任何其他人都能连接到同样的 API。从安全的角度上看,这存在一点儿安全问题。不过值得感谢的是,自 Docker 的 0.9 版本开始 Docker Remote API 开始提供了认证机制。这种认证机制采用了 TLS/SSL 证书来确保用户与 API 之间连接的安全性。

> **提示**
>
> 该认证不仅仅适用于 API。通过这个认证,还需要配置 Docker 客户来支持 TLS 认证。在本节中我们也将看到如何对客户端进行配置。

有几种方法可以对我们的连接进行认证,包括使用一个完整的 PKI 基础设施,我们可以选择创建自己的证书授权中心(Certificate Authority,CA),或者使用已有的 CA。在这里我们将建立自己的证书授权中心,因为这是一个简单、快速的开始。

> **警告**
>
> 这依赖于运行在 Docker 宿主机上的本地 CA。它也不像使用一个完整的证书授权中心那样安全。

8.5.1　建立证书授权中心

我们将快速了解一下创建所需 CA 证书和密钥(key)的方法,在大多数平台上这都是一个非常标准的过程。在开始之前,我们需要先确保系统已经安装好了 `openssl`,如代码清单 8-23 所示。

---

① http://dockerbook.com/code/8/tprov_api/
② https://github.com/jamtur01/dockerbook-code/tree/master/code/8/tprov_api

代码清单 8-23　检查是否已安装 openssl

```
$ which openssl
/usr/bin/openssl
```

让我们在 Docker 宿主机上创建一个目录来保存我们的 CA 和相关资料，如代码清单 8-24 所示。

代码清单 8-24　创建 CA 目录

```
$ sudo mkdir /etc/docker
```

现在就来创建一个 CA。

我们需要先生成一个私钥（private key），如代码清单 8-25 所示。

代码清单 8-25　生成私钥

```
$ cd /etc/docker
$ echo 01 | sudo tee ca.srl
$ sudo openssl genrsa -des3 -out ca-key.pem
Generating RSA private key, 512 bit long modulus
....+++++++++++
................+++++++++++
e is 65537 (0x10001)
Enter pass phrase for ca-key.pem:
Verifying - Enter pass phrase for ca-key.pem:
```

在创建私钥的过程中，我们需要为 CA 密钥设置一个密码，我们需要牢记这个密码，并确保它的安全性。在新 CA 中，我们需要用这个密码来创建并对证书签名。

上面的操作也将创建一个名为 ca-key.pem 的新文件。这个文件是我们的 CA 的密钥。我们一定不能将这个文件透露给别人，也不能弄丢这个文件，因为此文件关系到我们整个解决方案的安全性。

现在就让我们来创建一个 CA 证书，如代码清单 8-26 所示。

代码清单 8-26　创建 CA 证书

```
$ sudo openssl req -new -x509 -days 365 -key ca-key.pem -out ca.pem
Enter pass phrase for ca-key.pem:
You are about to be asked to enter information that will be incorporated
```

```
into your certificate request.
What you are about to enter is what is called a Distinguished Name or a DN.
There are quite a few fields but you can leave some blank
For some fields there will be a default value,
If you enter '.', the field will be left blank.
-----
Country Name (2 letter code) [AU]:
State or Province Name (full name) [Some-State]:
Locality Name (eg, city) []:
Organization Name (eg, company) [Internet Widgits Pty Ltd]:
Organizational Unit Name (eg, section) []:
Common Name (e.g. server FQDN or YOUR name) []:docker.example.com
Email Address []:
```

这将创建一个名为 ca.pem 的文件，这也是我们的 CA 证书。我们之后也会用这个文件来验证连接的安全性。

现在我们有了自己的 CA，让我们用它为我们的 Docker 服务器创建证书和密钥。

8.5.2   创建服务器的证书签名请求和密钥

我们可以用新 CA 来为 Docker 服务器进行证书签名请求（certificate signing request，CSR）和密钥的签名和验证。让我们从为 Docker 服务器创建一个密钥开始，如代码清单 8-27 所示。

代码清单 8-27   创建服务器密钥

```
$ sudo openssl genrsa -des3 -out server-key.pem
Generating RSA private key, 512 bit long modulus
...................++++++++++++
...............+++++++++++
e is 65537 (0x10001)
Enter pass phrase for server-key.pem:
Verifying - Enter pass phrase for server-key.pem:
```

这将为我们的服务器创建一个密钥 server-key.pem。像前面一样，我们要确保此密钥的安全性，这是保证我们的 Docker 服务器安全的基础。

注意

请在这一步设置一个密码。我们将会在正式使用之前清除这个密码。用户只需要在后面的几步中使用该密码。

接着，让我们创建服务器的证书签名请求（CSR），如代码清单 8-28 所示。

代码清单 8-28　创建服务器 CSR

```
$ sudo openssl req -new -key server-key.pem -out server.csr
Enter pass phrase for server-key.pem:
You are about to be asked to enter information that will be incorporated
into your certificate request.
What you are about to enter is what is called a Distinguished Name or a DN.
There are quite a few fields but you can leave some blank
For some fields there will be a default value,
If you enter '.', the field will be left blank.
-----
Country Name (2 letter code) [AU]:
State or Province Name (full name) [Some-State]:
Locality Name (eg, city) []:
Organization Name (eg, company) [Internet Widgits Pty Ltd]:
Organizational Unit Name (eg, section) []:
Common Name (e.g. server FQDN or YOUR name) []:*
Email Address []:

Please enter the following 'extra' attributes
to be sent with your certificate request
A challenge password []:
An optional company name []:
```

这将创建一个名为 `server.csr` 的文件。这也是一个请求，这个请求将为创建我们的服务器证书进行签名。在这些选项中最重要的是 `Common Name` 或 CN。该项的值要么为 Docker 服务器（即从 DNS 中解析后得到的结果，比如 `docker.example.com`）的 FQDN（fully qualified domain name，完全限定的域名）形式，要么为*，这将允许在任何服务器上使用该服务器证书。

现在让我们来对 CSR 进行签名并生成服务器证书，如代码清单 8-29 所示。

代码清单 8-29　对 CSR 进行签名

```
$ sudo openssl x509 -req -days 365 -in server.csr -CA ca.pem \
-CAkey ca-key.pem -out server-cert.pem
Signature ok
subject=/C=AU/ST=Some-State/O=Internet Widgits Pty Ltd/CN=*
```

```
Getting CA Private Key
Enter pass phrase for ca-key.pem:
```

在这里，需要输入 CA 密钥文件的密码，该命令会生成一个名为 server-cert.pem 的文件，这个文件就是我们的服务器证书。

现在就让我们来清除服务器密钥的密码，如代码清单 8-30 所示。我们不想在 Docker 守护进程启动的时候再输入一次密码，因此需要清除它。

代码清单 8-30   移除服务器端密钥的密码

```
$ sudo openssl rsa -in server-key.pem -out server-key.pem
Enter pass phrase for server-key.pem:
writing RSA key
```

现在，让我们为这些文件添加一些更为严格的权限来更好地保护它们，如代码清单 8-31 所示。

代码清单 8-31   设置 Docker 服务器端密钥和证书的安全属性

```
$ sudo chmod 0600 /etc/docker/server-key.pem /etc/docker/server-cert.pem \
/etc/docker/ca-key.pem /etc/docker/ca.pem
```

8.5.3   配置 Docker 守护进程

现在我们已经得到了我们的证书和密钥，让我们配置 Docker 守护进程来使用它们。因为我们会在 Docker 守护进程中对外提供网络套接字服务，因此需要先编辑它的启动配置文件。和之前一样，对于 Ubuntu 或者 Debian 系统，我们需要编辑/etc/default/docker 文件；对于使用了 Upstart 的系统，则需要编辑/etc/init/docker.conf 文件；对于 Red Hat、Fedora 及相关发布版本，则需要编辑/etc/sysconfig/docker 文件；对于那些使用了 Systemd 的发布版本，则需要编辑/usr/lib/systemd/docker.service 文件。

这里我们仍然使用运行 Systemd 的 Red Hat 衍生版本为例继续说明。编辑/usr/lib/systemd/system/docker.service 文件内容，如代码清单 8-32 所示。

代码清单 8-32   在 Systemd 中启用 Docker TLS

```
ExecStart=/usr/bin/docker -d -H tcp://0.0.0.0:2376 --tlsverify
  --tlscacert=/etc/docker/ca.pem --tlscert=/etc/docker/server-cert.pem
  --tlskey=/etc/docker/server-key.pem
```

注意

可以看到，这里我们使用了 2376 端口，这是 Docker 中 TLS/SSL 的默认端口号。对于非认证的连接，只能使用 2375 这个端口。

这段代码通过使用--tlsverify 标志来启用 TLS。我们还使用--tlscacert、--tlscert 和--tlskey 这 3 个参数指定了 CA 证书、证书和密钥的位置。关于 TLS 还有很多其他选项可以使用，请参考 http://docs.docker.com/articles/https/。

提示

可以使用--tls 标志来只启用 TLS，而不启用客户端认证功能。

然后我们需要重新加载并启动 Docker 守护进程，这可以使用 systemctl 命令来完成，如代码清单 8-33 所示。

代码清单 8-33　重新加载并启动 Docker 守护进程

```
$ sudo systemctl --system daemon-reload
```

8.5.4　创建客户端证书和密钥

我们的服务器现在已经启用了 TLS；接下来，我们需要创建和签名证书和密钥，以保证我们 Docker 客户端的安全性。让我们先从创建客户端密钥开始，如代码清单 8-34 所示。

代码清单 8-34　创建客户端密钥

```
$ sudo openssl genrsa -des3 -out client-key.pem
Generating RSA private key, 512 bit long modulus
..........+++++++++++
.....................................+++++++++++
e is 65537 (0x10001)
Enter pass phrase for client-key.pem:
Verifying - Enter pass phrase for client-key.pem:
```

这将创建一个名为 client-key.pem 的密钥文件。我们同样需要在创建阶段设置一个临时性的密码。

现在让我们来创建客户端 CSR，如代码清单 8-35 所示。

代码清单 8-35   创建客户端 CSR

```
$ sudo openssl req -new -key client-key.pem -out client.csr
Enter pass phrase for client-key.pem:
You are about to be asked to enter information that will be incorporated
into your certificate request.
What you are about to enter is what is called a Distinguished Name or a DN.
There are quite a few fields but you can leave some blank
For some fields there will be a default value,
If you enter '.', the field will be left blank.
-----
Country Name (2 letter code) [AU]:
State or Province Name (full name) [Some-State]:
Locality Name (eg, city) []:
Organization Name (eg, company) [Internet Widgits Pty Ltd]:
Organizational Unit Name (eg, section) []:
Common Name (e.g. server FQDN or YOUR name) []:
Email Address []:

Please enter the following 'extra' attributes
to be sent with your certificate request
A challenge password []:
An optional company name []:
```

接下来，我们需要通过添加一些扩展的 SSL 属性，来开启我们的密钥的客户端身份认证，如代码清单 8-36 所示。

代码清单 8-36   添加客户端认证属性

```
$ echo extendedKeyUsage = clientAuth > extfile.cnf
```

现在让我们在自己的 CA 中对客户端 CSR 进行签名，如代码清单 8-37 所示。

代码清单 8-37   对客户端 CSR 进行签名

```
$ sudo openssl x509 -req -days 365 -in client.csr -CA ca.pem \
-CAkey ca-key.pem -out client-cert.pem -extfile extfile.cnf
Signature ok
subject=/C=AU/ST=Some-State/O=Internet Widgits Pty Ltd
Getting CA Private Key
Enter pass phrase for ca-key.pem:
```

我们再使用 CA 密钥的密码创建另一个证书：`client-cert.pem`。

最后，我们需要清除 `client-cert.pem` 文件中的密码，以便在 Docker 客户端中使用该文件，如代码清单 8-38 所示。

代码清单 8-38   移除客户端密钥的密码

```
$ sudo openssl rsa -in client-key.pem -out client-key.pem
Enter pass phrase for client-key.pem:
writing RSA key
```

8.5.5 配置 Docker 客户端开启认证功能

接下来，配置我们的 Docker 客户端来使用我们新的 TLS 配置。之所以需要这么做，是因为 Docker 守护进程现在已经准备接收来自客户端和 API 的经过认证的连接。

我们需要将 `ca.pem`、`client-cert.pem` 和 `client-key.pem` 这 3 个文件复制到想运行 Docker 客户端的宿主机上。

> **提示**
>
> 请牢记，有了这些密钥就能以 root 身份访问 Docker 守护进程，应该妥善保管这些密钥文件。

让我们把它们复制到 `.docker` 目录下，这也是 Docker 查找证书和密钥的默认位置。Docker 默认会查找 `key.pem`、`cert.pem` 和我们的 CA 证书 `ca.pem`，如代码清单 8-39 所示。

代码清单 8-39   复制 Docker 客户端的密钥和证书

```
$ mkdir -p ~/.docker/
$ cp ca.pem ~/.docker/ca.pem
$ cp client-key.pem ~/.docker/key.pem
$ cp client-cert.pem ~/.docker/cert.pem
$ chmod 0600 ~/.docker/key.pem ~/.docker/cert.pem
```

现在来测试从客户端到 Docker 守护进程的连接。要完成此工作，我们将使用 `docker info` 命令，如代码清单 8-40 所示。

代码清单 8-40   测试 TLS 认证过的连接

```
$ sudo docker -H=docker.example.com:2376 --tlsverify info
Containers: 33
```

```
Images: 104
Storage Driver: aufs
 Root Dir: /var/lib/docker/aufs
 Dirs: 170
Execution Driver: native-0.1
Kernel Version: 3.8.0-29-generic
Username: jamtur01
Registry: [https://index.docker.io/v1/]
WARNING: No swap limit support
```

可以看到，我们已经指定了-H 标志来告诉客户端要连接到哪台主机。如果不想在每次启动 Docker 客户端时都指定-H 标志，那么可以使用 DOCKER_HOST 环境变量。另外，我们也指定了--tlsverify 标注，它使我们通过 TLS 方式连接到 Docker 守护进程。我们不需要指定任何证书或者密钥文件，因为 Docker 会自己在我们的~/.docker/目录下查找这些文件。如果确实需要指定这些文件，则可以使用--tlscacert、--tlscert 和--tlskey标志来指定这些文件的位置。

如果不指定 TLS 连接将会怎样呢？让我们去掉--tlsverify 标志后再试一下，如代码清单 8-41 所示。

代码清单 8-41　测试 TLS 连接过的认证

```
$ sudo docker -H=docker.example.com:2376 info
2014/04/13 17:50:03 malformed HTTP response "\x15\x03\x01\x00\x02\x02"
```

哦，出错了。如果看到这样的错误，用户就应该知道自己可能是没有在连接上启用 TLS，可能是没有指定正确的 TLS 配置，也可能是用户的证书或密钥不正确。

如果一切都能正常工作，现在就有了一个经过认证的 Docker 连接了。

8.6　小结

在这一章中我们介绍了 Docker Remote API。我们还了解了如何通过 SSL/TLS 证书来保护 Docker Remote API；研究了 Docker API，以及如何使用它来管理镜像和容器；看到了如何使用 Docker API 客户端库之一来改写我们的 TProv 应用，让该程序直接使用 Docker API。

在下一章也就是最后一章中，我们将讨论如何对 Docker 做出贡献。

第9章
获得帮助和对 Docker 进行改进

Docker 目前还处在婴儿期，还会经常出错。本章将会讨论如下内容。

- 如何以及从哪里获得帮助。
- 向 Docker 贡献补丁和新特性。

读者会发现在哪里可以找到 Docker 的用户，以及寻求帮助的最佳途径。读者还会学到如何参与到 Docker 的开发者社区：在 Docker 开源社区有数百提交者，他们贡献了大量的开发工作。如果对 Docker 感到兴奋，为 Docker 项目做出自己的贡献是很容易的。本章还会介绍关于如何贡献 Docker 项目，如何构建一个 Docker 开发环境，以及如何建立一个良好的 pull request 的基础知识。

> **注意**
> 本章假设读者都具备 Git、GitHub 和 Go 语言的基本知识，但不要求读者一定是特别精通这些知识的开发者。

9.1 获得帮助

Docker 的社区庞大且友好。大多数 Docker 用户都集中使用下面 3 节中介绍的 3 种方式。

> **注意**
> Docker 公司也提供了对企业的付费 Docker 支持。可以在支持页面看到相关信息。

9.1.1 Docker 用户、开发邮件列表及论坛

Docker 用户和开发邮件列表具体如下。

- Docker 用户邮件列表[①]。

- Docker 开发者邮件列表[②]。

Docker 用户列表一般都是关于 Docker 的使用方法和求助的问题。Docker 开发者列表则更关注与开发相关的疑问和问题。

还有 Docker 论坛[③]可用。

9.1.2　IRC 上的 Docker

Docker 社区还有两个很强大的 IRC 频道：`#docker` 和`#docker-dev`。这两个频道都在 Freenode IRC 网络[④]上。

`#docker` 频道一般也都是讨论用户求助和基本的 Docker 问题的，而`#docker-dev` 都是 Docker 贡献者用来讨论 Docker 源代码的。

可以在 https://botbot.me/freenode/docker/查看`#docker` 频道的历史信息，在 https:// botbot. me/freenode/docker-dev/查看`#docker-dev` 频道的历史信息。

9.1.3　GitHub 上的 Docker

Docker（和它的大部分组件以及生态系统）都托管在 GitHub（http://www.github.com）上。Docker 本身的核心仓库在 https://github.com/docker/docker/。

其他一些要关注的仓库如下。

- `distribution`[⑤]：能独立运行的 Docker Registry 分发工具。

- `runc`[⑥]：Docker 容器格式和 CLI 工具。

- Docker Swarm[⑦]：Docker 的编配框架。

- Docker Compose[⑧]：Docker Compose 工具。

---

① https://groups.google.com/forum/#!forum/docker-user
② https://groups.google.com/forum/#!forum/docker-dev
③ https://forums.docker.com/
④ http://freenode.net/
⑤ https://github.com/docker/docker-registry
⑥ https://github.com/docker/libcontainer
⑦ https://github.com/docker/libswarm
⑧ https://github.com/docker/compose

9.2 报告 Docker 的问题

让我们从基本的提交问题和补丁以及与 Docker 社区进行互动开始。在提交 Docker 问题[①]的时候，要牢记我们要做一个良好的开源社区公民，为了帮助社区解决你的问题，一定要提供有用的信息。当你描述一个问题的时候，记住要包含如下背景信息：

- `docker info` 和 `docker version` 命令的输出；
- `uname -a` 命令的输出。

然后还需要提供关于你遇到的问题的具体说明，以及别人能够重现该问题的详细步骤。

如果你描述的是一个功能需求，那么需要仔细解释你想要的是什么以及你希望它将是如何工作的。请仔细考虑更通用的用例：你的新功能只能帮助你自己，还是能帮助每一个人？

在提交新问题之前，请花点儿时间确认问题库里没有和你的 bug 报告或者功能需求一样的问题。如果已经有类似问题了，那么你就可以简单地添加一个"+1"或者"我也有类似问题"的说明，如果你觉得你的输入能加速建议的实现或者 bug 修正，你可以添加额外的有实际意义的更新。

9.3 搭建构建环境

为了使为 Docker 做出贡献更容易，我们接下来会介绍如何构建一个 Docker 开发环境。这个开发环境提供了所有为了让 Docker 工作而必需的依赖和构建工具。

9.3.1 安装 Docker

为了建立开发环境，用户必须先安装 Docker，因为构建环境本身就在一个 Docker 容器里面。我们将使用 Docker 来构建和开发 Docker。请参照第 2 章的内容安装 Docker，应该安装当前最新版的 Docker。

9.3.2 安装源代码和构建工具

接着，需要安装 Make 和 Git，这样就可以签出 Docker 的源代码并且运行构建过程。Docker

---

① https://github.com/docker/docker/issues

的源代码都保存在 GitHub 上，而构建过程则围绕着 Makefile 来进行。

在 Ubuntu 上，使用代码清单 9-1 所示的命令安装 git 包。

代码清单 9-1   在 Ubuntu 上安装 git

```
$ sudo apt-get -y install git make
```

在 Red Hat 及其衍生版本上使用代码清单 9-2 所示的命令。

代码清单 9-2   在 Red Hat 及其相关衍生版本上安装 git

```
$ sudo yum install git make
```

9.3.3   签出源代码

现在让我们签出（check out）Docker 的源代码（如果是在 Docker 其他模块上工作，请选择对应的源代码仓库），并换到源代码所在目录，如代码清单 9-3 所示。

代码清单 9-3   签出 Docker 源代码

```
$ git clone https://github.com/docker/docker.git
$ cd docker
```

现在就可以在 Docker 源代码上进行工作和修正 bug、更新文档或者编写非常棒的新功能了。

9.3.4   贡献文档

让人兴奋的是，任何人，即使他不是开发者或者不精通 Go 语言，都可以通过更新、增强或编写新文档的方式为向 Docker 做出贡献。Docker 文档[①]都在 Docker 官方网站上。文档的源代码、主题以及用来生成官方文档网站的工具都保存在 在 GitHub 上的 Docker 仓库[②]中。

可以在 https://github.com/docker/docker/blob/master/docs/README.md 找到关于 Docker 文档的具体指导方针和基本风格指南。

可以在本地使用 Docker 本身来构建整个文档。

在对文档源代码进行了一些修改之后，可以使用 make 命令来构建文档，如代码清单

---

① http://docs.docker.com
② https://github.com/docker/docker/tree/master/docs

9-4 所示。

代码清单 9-4　构建 Docker 文档

```
$ cd docker
$ make docs
...
docker run --rm -it -e AWS_S3_BUCKET -p 8000:8000 "docker-docs:master"
  mkdocs serve
Running at: http://0.0.0.0:8000/
Live reload enabled.
Hold ctrl+c to quit.
```

之后就可以在浏览器中打开 8080 端口来查看本地版本的 Docker 文档了。

9.3.5　构建开发环境

如果不只是满足于为 Docker 的文档做出贡献，可以使用 make 和 Docker 来构建一个开发环境，如代码清单 9-5 所示。在 Docker 的源代码中附带了一个 Dockerfile 文件，我们使用这个文件来安装所有必需的编译和运行时依赖，来构建和测试 Docker。

代码清单 9-5　构建 Docker 环境

```
$ sudo make build
```

提示

如果是第一次执行这个命令，要完成这个过程将会花费较长的时间。

上面的命令会创建一个完整的运行着的 Docker 开发环境。它会将当前的源代码目录作为构建上下文（build context）上传到一个 Docker 镜像，这个镜像包含了 Go 和其他所有必需的依赖，之后会基于这个镜像启动一个容器。

使用这个开发镜像，也可以创建一个 Docker 可执行程序来测试任何 bug 修正或新功能，如代码清单 9-6 所示。这里我们又用到了 make 工具。

代码清单 9-6　构建 Docker 可执行程序

```
$ sudo make binary
```

这条命令将会创建 Docker 可执行文件，该文件保存在 `.bundles/<version>-dev/` `binary/` 卷中。比如，在这个例子里我们得到的结果如代码清单 9-7 所示。

代码清单 9-7　dev 版本的 Docker `dev` 可执行程序

```
$ ls -l ~/docker/bundles/1.0.1-dev/binary/docker
lrwxrwxrwx 1 root root 16 Jun 29 19:53 ~/docker/bundles/1.7.1-dev/binary/
  docker -> docker-1.7.1-dev
```

之后就可以使用这个可执行程序进行测试了，方法是运行它而不是运行本地 Docker 守护进程。为此，我们需要先停止之前的 Docker 然后再运行这个新的 Docker 可执行程序，如代码清单 9-8 所示。

代码清单 9-8　使用开发版的 Docker 守护进程

```
$ sudo service docker stop
$ ~/docker/bundles/1.7.1-dev/binary/docker -d
```

这会以交互的方式运行开发版本 Docker 守护进程。但是，如果你愿意的话也可以将守护进程放到后台。

接着我们就可以使用新的 Docker 可执行程序来和刚刚启动的 Docker 守护进程进行交互操作了，如代码清单 9-9 所示。

代码清单 9-9　使用开发版的 `docker` 可执行文件

```
$ ~/docker/bundles/1.7.1-dev/binary/docker version
Client version: 1.7.1-dev
Client API version: 1.19
Go version (client): go1.2.1
Git commit (client): d37c9a4
Server version: 1.7.1-dev
Server API version: 1.19
Go version (server): go1.2.1
Git commit (server): d37c9a
```

可以看到，我们正在运行版本为 `1.0.1-dev` 的客户端，这个客户端正好和我们刚启动的 `1.0.1-dev` 版本的守护进程相对应。可以通过这种组合来测试和确保对 Docker 所做的所有修改都能正常工作。

9.3.6　运行测试

在提交贡献代码之前，确保所有的 Docker 测试都能通过也是非常重要的。为了运行所有 Docker 的测试，需要执行代码清单 9-10 所示的命令。

代码清单 9-10　运行 Docker 测试

```
$ sudo make test
```

这条命令也会将当前代码作为构建上下文上传到镜像并创建一个新的开发镜像。之后会基于此镜像启动一个容器，并在该容器中运行测试代码。同样，如果是第一次做这个操作，那么也将会花费一些时间。

如果所有的测试都通过的话，那么该命令输出的最后部分看起来会如代码清单 9-11 所示。

代码清单 9-11　Dcoker 测试输出结果

```
...
[PASSED]: save - save a repo using stdout
[PASSED]: load - load a repo using stdout
[PASSED]: save - save a repo using -o
[PASSED]: load - load a repo using -i
[PASSED]: tag - busybox -> testfoobarbaz
[PASSED]: tag - busybox's image ID -> testfoobarbaz
[PASSED]: tag - busybox fooo/bar
[PASSED]: tag - busybox fooaa/test
[PASSED]: top - sleep process should be listed in non privileged mode
[PASSED]: top - sleep process should be listed in privileged mode
[PASSED]: version - verify that it works and that the output is properly
  formatted
PASS
PASS    github.com/docker/docker/integration-cli    178.685s
```

提示

可以在测试运行时通过$TESTFLAGS 环境变量来传递参数。

9.3.7　在开发环境中使用 Docker

也可以在新构建的开发容器中启动一个交互式会话，如代码清单 9-12 所示。

代码清单 9-12 启动交互式会话

```
$ sudo make shell
```

要想从容器中退出，可以输入 exit 或者 Ctrl+D。

9.3.8 发起 pull request

如果对自己所做的文档更新、bug 修正或者新功能开发非常满意，你就可以在 GitHub 上为你的修改提交一个 pull request。为了提交 pull request，需要已经 fork 了 Docker 仓库，并在你自己的功能分支上进行修改。

- 如果是一个 bug 修正分支，那么分支名为 XXXX-something，这里的 XXXX 为该问题的编号。

- 如果是一个新功能开发分支，那么需要先创建一个新功能问题宣布你都要干什么，并将分支命名为 XXXX-something，这里的 XXXX 也是该问题的编号。

你必须同时提交针对你所做修改的单元测试代码。可以参考一下既有的测试代码来寻找一些灵感。在提交 pull request 之前，你还需要在自己的分支上运行完整的测试集。

任何包含新功能的 pull request 都必须同时包括更新过的文档。在提交 pull request 之前，应该使用上面提到的流程来测试你对文档所做的修改。当然你也需要遵循一些其他的使用指南（如上面提到的）。

我们有以下一些简单的规则，遵守这些规则有助于你的 pull request 会尽快被评审（review）和合并。

- 在提交代码之前必须总是对每个被修改的文件运行 gofmt -s -w file.go。这将保证代码的一致性和整洁性。

- pull request 的描述信息应该尽可能清晰，并且包括到该修改解决的所有问题的引用。

- pull request 不能包括来自其他人或者分支的代码。

- 提交注释（commit message）必须包括一个以大写字母开头且长度在 50 字符之内的简明扼要的说明，简要说明后面可以跟一段更详细的说明，详细说明和简要说明之间需要用空行隔开。

- 通过 git rebase -i 和 git push -f 尽量将你的提交集中到一个逻辑可工作单

元。同时对文档的修改也应该放到同一个提交中，这样在撤销（revert）提交时，可以将所有与新功能或者 bug 修正相关的信息全部删除。

最后需要注意的是，Docker 项目采用了开发者原产证明书（Developer Certificate of Origin，DCO）机制，以确认你所提交的代码都是你自己写的或者你有权将其以开源的方式发布。你可以阅读一篇文章[①]来了解一下我们为什么要这么做。应用这个证书非常简单，你需要做的只是在每个 Git 提交消息中添加代码清单 9-13 所示的一行而已。

代码清单 9-13　Docker DCO

```
Docker-DCO-1.1-Signed-off-by: Joe Smith <joe.smith@email.com> (github:
  github_handle)
```

注意

用户必须使用自己的真实姓名。出于法律考虑，我们不允许假名或匿名的贡献。

关于签名（signing）的需求，这里也有几个小例外，具体如下。

- 你的补丁修改的是拼写或者语法错误。
- 你的补丁只修改了 `docs` 目录下的文档的一行。
- 你的补丁修改了 `docs` 目录下的文档中的 Markdown 格式或者语法错误。

还有一种对 Git 提交进行签名的更简单的方式是使用 `git commit -s` 命令。

注意

老的 `Docker-DCO-1.1-Signed-off-by` 方式现在还能继续使用，不过在以后的贡献中，还是请使用这种方法。

9.3.9　批准合并和维护者

在提交了 pull request 之后，首先要经过评审，你也可能会收到一些反馈。Docker 采用了与 Linux 内核维护者类似的机制。Docker 的每个组件都有一个或者若干个维护者，维护者负责该组件的质量、稳定性以及未来的发展方向。维护者的背后则是仁慈的"独裁者"兼首席维护者 Solomon Hykes[②]，他是唯一一个权利凌驾于其他维护者之上的人，他也全权负责任命

[①] http://blog.docker.com/2014/01/docker-code-contributions-require-developer-certificate-of-origin/
[②] https://github.com/shykes

新的维护者。

　　Docker 的维护者通过在代码评审中使用 LGTM（Looks Good To Me）注解来表示接受此 pull request。变更要想获得通过，需要受影响的每个组件的绝对多数维护者（或者对于文档，至少两位维护者）都认为 LGTM 才行。比如，如果一个变更影响到了 docs/ 和 registry/ 两个模块，那么这个变更就需要获得 docs/ 的两个拥护者和 registry/ 的绝对多数维护者的同意。

> **提示**
>
> 可以查看维护者工作流程手册[①]来了解更多关于维护者的详细信息。

9.4　小结

　　在本章中，我们学习了如何获得 Docker 帮助，以及有用的 Docker 社区成员和开发者聚集的地方。我们也学习了记录 Docker 问题的最佳方法，包括各种要提供的必要信息，以帮你得到最好的反馈。

　　我们也看到了如何配置一个开发环境来修改 Docker 源代码或者文档，以及如何在开发环境中进行构建和测试，以保证自己所做的修改或者新功能能正常工作。最后，我们学习了如何为你的修改创建一个结构良好且品质优秀的 pull request。

---

① https://github.com/docker/docker/blob/master/hack/MAINTAINERS.md